Neuerungen im Kontoauszug in SAP® ERP

Claus Wild

Bibliografische Information der Deutschen Bibliothek
Die Deutsche Bibliothek verzeichnet diese Publikation in der Deutschen Nationalbibliografie; detaillierte bibliografische Daten sind im Internet über http://dnb.ddb.de abrufbar.

Claus Wild

Neuerungen im Kontoauszug in SAP® ERP

ISBN: 978-3-9451-7093-9

Lektorat: Anja Achilles

Korrektorat: Stefan Marschner, Christine Weber

Coverdesign: Philip Esch, Martin Munzel

Coverfoto: istockphoto # 21350503 © alengo

Satz & Layout: Johann-Christian Hanke

2. erweiterte Auflage 2015, Gleichen

URL: *www.espresso-tutorials.de*

Feedback:
Wir freuen uns über Fragen und Anmerkungen jeglicher Art. Bitte senden Sie diese an: *info@espresso-tutorials.com*.

Inhaltsverzeichnis

Vorwort

Bereits seit 1995 steht mit der Komponente *Elektronischer Kontoauszug* ein Werkzeug im SAP-Standard zur Verfügung, welches die schnelle und einfache Verarbeitung von Kontoauszügen ermöglicht. Über Jahre hinweg wurden weitere betriebswirtschaftliche Anforderungen integriert und optimiert. So bietet der elektronische Kontoauszug heute mit seinen vielfältigen Funktionalitäten einen erheblichen Mehrwert im betrieblichen Rechnungswesen.

Der Fokus zahlreicher Unternehmen lag in den vergangenen Jahren verstärkt auf der Optimierung ihrer Finanzprozesse. Getrieben von vertriebsnahen Entscheidungen aus dem Rechnungswesen sowie der Notwendigkeit zur Sicherung von Cash und Liquidität, wurden im SAP-Umfeld zahlreiche Produkte und Lösungen im Rahmen des Financial-Supply-Chain-Management (FSCM) entwickelt.

Diverse Anwendungen, wie beispielsweise der *Liquidity Planner,* das *Cash- und Liquiditätsmanagement* in SAP oder *SAP Cash Management powered by SAP HANA* bauen auf Informationen auf, die vom elektronischen Kontoauszug täglich zur Verfügung gestellt werden. Mit der Kontoauszugsverarbeitung im SAP-Standard ist bereits seit langem eine etablierte Komponente am Markt, die ein modernes Finanzmanagement unterstützt sowie Prozesse im Rechnungswesen nachhaltig verbessern kann.

Der Stellenwert der elektronischen Kontoauszugsverarbeitung dürfte in den kommenden Jahren noch weiter steigen. Über Jahre hinweg gab es keine signifikanten Änderungen in der Belegung der SWIFT-Formate. Mit Einführung der Single Euro Payments Area (SEPA) ist neben den Überweisungen SEPA Credit Transfer (SCT) und dem Lastschrifteinzug SEPA Direct Debit (SDD) auch Bewegung in die Kontoauszugsverarbeitung gekommen. Zukünftig dürften zunehmend die ISO 20022-Formate dominieren und zu zahlreichen Änderungen im Gesamtprozess »Elektronische Kontoauszugsverarbeitung« führen.

Neben den Änderungen und Erweiterungen der Auszugsformate wurde in SAP unter Enhancement Package 6 (EhP6) die Nachbearbeitung der Kontoauszüge modernisiert und an heutige Anforderungen angepasst.

Sie finden in diesem Buch vielfältige Ideen und Praxisbeispiele, die Ihnen zusätzliche Optimierungsmöglichkeiten in der täglichen Kontoauszugsverarbeitung eröffnen. Aufbauend auf den Grundelementen des elektronischen Kontoauszugs im SAP-Standard, erhalten Sie Tipps und Tricks für Ihre Prozesse. Sie lernen die Erweiterungsmöglichkeiten im aktuellen FI-Modul sowie den Einsatz und die Funktionalität von Suchmustern kennen.

Außerdem zeige ich Ihnen, wie Sie unter EhP6 den Einlese- und Verarbeitungsprozess von Kontoauszügen optimieren bzw. automatisieren können. Sie erhalten einen Leitfaden zum Customizing und Einsatz der ISO 20022-Kontoauszugsformate im SAP-Standard. Im Ausblick zeige ich Ihnen Trends in der elektronischen Bankenkommunikation auf und bereite Sie auf die weitere Entwicklung im Zahlungsverkehr vor.

Für die Unterstützung bei diesem Buchprojekt möchte ich mich herzlich bedanken bei: Michael Englert, Eva-Maria Fertig, Armin Kern, Armin Wittemer, Dr. Ernst Stahl, Steffen Karsch, Marina Wild und natürlich beim Team von Espresso Tutorials, vor allem Anja Achilles, Martin Munzel und Jörg Siebert.

Im Text verwenden wir Kästen, um wichtige Informationen besonders hervorzuheben. Jeder Kasten ist zusätzlich mit einem Piktogramm versehen, das diesen genauer klassifiziert:

Hinweis

Hinweise bieten praktische Tipps zum Umgang mit dem jeweiligen Thema.

Warnung

Warnungen weisen auf mögliche Fehlerquellen oder Stolpersteine im Zusammenhang mit einem Thema hin.

Video

Auf der Homepage von Espresso Tutorials können Sie sich ein Video ansehen.

Zum Abschluss des Vorwortes noch ein Hinweis zum Copyright: Sämtliche in diesem Buch abgedruckten Screenshots unterliegen dem Copyright der SAP SE. Alle Rechte an den Screenshots liegen bei der SAP SE. Der Einfachheit halber haben wir im Rest des Buches darauf verzichtet, darauf unter jedem Screenshot gesondert hinzuweisen.

1 Anforderungen der Finanzbuchhaltung an den Zahlungsverkehr

Moderner Zahlungsverkehr wird von Anforderungen der Unternehmen, Innovationen der Softwareindustrie und nicht zuletzt von den Finanzinstituten selbst geprägt. In diesem Kapitel erhalten Sie einen kleinen Einblick, welche Ansprüche und Anforderungen auf Seiten der Firmenkunden an einen fortschrittlichen Zahlungsverkehr bestehen. Am Ende wagen wir einen Ausblick in die Zukunft und betrachten Trends sowie weitere mögliche Software-Innovationen im Zahlungsverkehr.

Bereits seit Einführung von SAP R/3 im Jahr 1994 wird eine Schnittstelle für das ERP-System ausgeliefert, die den Empfang und die Verarbeitung von elektronischen Kontoauszügen im SAP-Standard ermöglicht. Das Modul Finanz- und Rechnungswesen wurde an der Stelle mit einer Funktionalität ausgestattet, die auch heute noch Basis für ein effizientes Debitoren- und Forderungsmanagement ist. Darüber hinaus werden Daten aus der elektronischen Kontoauszugsverarbeitung oftmals als Planungsgrundlage für die kurz- und mittelfristige Liquiditätsvorschau im Unternehmen verwendet. Neben der Überwachungsfunktion von Zahlungsströmen dienen die Daten auch als Basis für eine unternehmensweite Liquiditätsplanung. Planungshilfen, wie beispielsweise der SAP Liquidity Planner oder das SAP Cash Management powered by SAP HANA, beziehen neben Rechnungen und FI-Informationen auch Kontoauszugsinformationen für die längerfristige Liquiditätsplanung im Unternehmen mit ein.

Der elektronische Kontoauszug in SAP ist somit eine feste Größe, wenn Sach- und Personenkonten in der Haupt- und Nebenbuchhaltung schnell und effektiv verarbeitet werden müssen. Durch die zahlreichen Erweiterungsoptionen im SAP-Standard können gezielte Verbesserungsmöglichkeiten beim Einlesevorgang oder in der Nachbearbeitung von fehlerhaften Belegpositionen erreicht werden.

Allerdings war in den vergangenen Jahren ein gewisser Stillstand im Gesamtprozess der Kontoauszugsverarbeitung zu verzeichnen. Mangelnde Innovationen im Bereich von Formaten sowie bei der Bereitstellung und Übermittlung von Kontoauszügen erschwerten weitere Prozessoptimierungen in der Finanzbuchhaltung. Abgesehen von einer EDI-Offensive mit EDIFACT-Nachrichten der Banken Ende der 1990er-Jahre, waren keine signifikanten Neuerungen zu erkennen. Während die logistischen Prozesse durch zahlreiche Verbesserungen immer weiter verfeinert wurden, blieb die Optimierung der Finanzströme hinter den Erwartungen der Unternehmen zurück.

Erst mit Einführung der Single European Payments Area (SEPA) und der damit verbundenen Verwendung von ISO 20022-Formaten für Zahlungen und Cash-Management-Nachrichten kommt eine erkennbare Dynamik in den Zahlungsverkehr. SEPA lieferte entscheidende Impulse für aktuelle Innovationen in der Kontoauszugsverarbeitung, die im verstärkten Maße von der Softwareindustrie begleitet und aufgegriffen werden.

1.1 Anforderungen an den modernen Zahlungsverkehr

Welche Anforderungen werden heute vom Management an den Zahlungsverkehr gestellt, was wird insbesondere von den Banken und der Software erwartet? Der Anspruch an moderne, zeitgemäße und schnelle Prozesse im Bereich unbarer Zahlungsströme wurde in den vergangenen Jahren größtenteils von den Entwicklungen und den Kernelementen des Supply-Chain-Managements (SCM) abgeleitet. Bereits über viele Jahre hinweg wurde diese Wertschöpfungskette ausgebaut und nahezu perfektioniert. Allerdings hinkt die Entwicklung der Finanzströme diesen Veränderungen derzeit noch hinterher. Zwar sind hierzu durch sogenannte *FinTech*-Start-up-Unternehmen in den letzten Jahren zahlreiche Innovationen erschienen, jedoch ist das Angebot derzeit noch überwiegend auf die Zielgruppe Business-to-Consumer (B2C) beschränkt.

FinTech – moderne Technologien für Finanzdienstleitungen

Moderne Finanztechnologien (FinTech) werden gezielt durch neue und junge Unternehmen geprägt, die verstärkt mit Innovationen in die klassischen Themenfelder der Banken vordringen. Dazu gehören beispielsweise Lösungen für die Bereiche Payments und (Mobile) Banking.

Dieser Zielgruppe steht mittlerweile eine fast unüberschaubare Vielfalt an Zahlungsinstrumenten zur Verfügung, aus denen der Kunde seine favorisierte Softwarelösung wählen kann. Für Firmenkunden oder den Business-to-Business (B2B)-Zahlungsverkehr hingegen existierten in der jüngsten Vergangenheit nur wenige brauchbare, innovative Produkte. Erschwert wird deren Einführung sicherlich auch durch die traditionell zurückhaltende bzw. abwartende Haltung von Firmenkunden in diesem sensiblen Bereich.

SAP Cash Management powered by SAP HANA

Auf Basis der SAP HANA-Technologie wurden inzwischen zahlreiche Standardfunktionalitäten überarbeitet oder neu entwickelt. Mit der Business Function *SAP Cash Management powered by SAP HANA* steht nun unter anderem eine Bankkontenverwaltung zur Verfügung. Darüber hinaus wurde ebenfalls auf Basis von SAP HANA das Cash Management überarbeitet, über das der Liquiditätsstatus überwacht und Liquiditätspläne erstellt werden können.

Doch gerade für unbare Geldströme in den Unternehmen sind geeignete Produkte gefragt, aus denen schnell und sicher Informationen für die Finanzbuchhaltung und das Cash-Management abgeleitet werden können. Dementsprechend lassen sich folgende Anforderungen an einen modernen Zahlungsverkehr formulieren, die ich nachfolgend genauer erläutern möchte:

- Schnelligkeit,
- mitlaufende Information der Zahlung (Tracking),
- Sicherheit im Zahlungsverkehr,
- ausreichende Zeichenzahl für gesicherten Informationsaustausch,
- kostensparende Transaktionen.

1.1.1 Schnelligkeit

Durch schnelle Zahlungsströme können dem Unternehmen deutliche Wettbewerbsvorteile entstehen. Vertriebsnahe Entscheidungen können unter Berücksichtigung der eigenen Liquidität rasch und zeitnah getroffen werden.

Mit Einführung der »Zahlungsdienste-Richtlinie« (Englisch: Payment Services Directive – PSD) im Jahr 2009 wurden die Zahlungsdienstleister in Europa dazu verpflichtet, Zahlungen innerhalb von festgesetzten Fristen auszuführen. Beleglose Überweisungen müssen seit dem 01. Januar 2012 nach Erteilung des Zahlungsauftrages – unter Berücksichtigung der Cut-Off-Zeiten der Bank – spätestens nach einem Bankarbeitstag dem Empfängerkonto gutgeschrieben werden. Gegenüber der bisherigen Praxis, welche Banklaufzeiten von bis zu drei Tagen erlaubte, ist dies bereits als Fortschritt zu bewerten. Allerdings gilt diese Ausführungsfrist nur für Zahlungen, die in der Währung Euro innerhalb des Europäischen Wirtschaftsraums ausgeführt werden. Nach dem Bürgerlichen Gesetzbuch (BGB) § 675s kann diese Frist auf maximal vier Geschäftstage zwischen dem Zahler und dem Zahlungsdienstleister verlängert werden, sobald der Zahlungsvorgang nicht in Euro erfolgt.

Im Zeitalter von E-Mails und sozialen Medien, in dem Informationen innerhalb von Sekundenbruchteilen um die ganze Welt gehen, kann es nur als unbefriedigend bezeichnet werden, wenn für »Nicht-Euro-

Zahlungen« mehrere Tage von der Übermittlung bis zur Gutschrift auf dem Empfängerkonto vergehen können. Für Unternehmenskunden gibt es an der Stelle zwar Alternativen in Form von Micropayment-Bezahlsystemen. Dienstleister wie beispielsweise PayPal wickeln den Zahlungsverkehr deutlich schneller ab. Die bestehenden Banklaufzeiten entfallen nahezu und ermöglichen somit schnellere Lieferzeiten. Aufgrund der erhobenen Gebühren für Zahlungen in europäische »Nicht-EU«-Länder sowie in anderen Währungen verlieren diese Modelle allerdings schnell an Attraktivität. Durch fehlende standardisierte Schnittstellen zu den ERP-Systemen wird eine Verwendung bzw. Integration dieser Bezahlsysteme zusätzlich erschwert.

Hinsichtlich der Geschwindigkeit von Zahlungen dürfen wir auf die weiteren Entwicklungen im Zahlungsverkehr gespannt sein. In naher Zukunft soll der Geldtransfer zwischen den beteiligten Geschäftspartnern in Echtzeit durchgeführt werden. Unter dem Begriff *Instant Payments* sollen Zahlungen in den kommenden Jahren an den Empfänger sofort übermittelt und verfügbar gutgeschrieben werden. Um der Fragmentierung in diesem Modell entgegenzutreten, steuert neben der Europäischen Zentralbank (EZB) das Euro Retail Payments Board (ERPB) die dafür notwendigen Regelwerke in Europa.

1.1.2 Tracking von Zahlungen

Bereits seit vielen Jahren ist die Sendungs- oder Paketverfolgung fester Bestandteil bei Logistikunternehmen und Speditionen. Der Kunde kann nahezu jederzeit den Status und Aufenthaltsort seiner Ware abfragen. Für Finanzströme fehlt diese Funktionalität oder wird nur in Ansätzen mittels der Finanzinformationen (SWIFT MT 942 bzw. camt.052) unterstützt.

Für Händler, die beispielsweise im C-Teile-Management tätig sind, können Informationen über Verlauf und Status einer Zahlung von großer Bedeutung sein. Das Segment der C-Artikel erfordert eine ganzheitliche Optimierung aller Prozesse, die bis in die zeitnahe Information über die Zahlung ihrer Kunden greift. Durch ein verbessertes Tracking der eingehenden Zahlungsströme können die Bestell-

und Lieferprozesse an die Kunden weiter abgeleitet und optimiert werden und in letzter Konsequenz zu einer Reduzierung von Zahlungsausfällen führen.

1.1.3 Sicherheit im Zahlungsverkehr

Neben der Schnelligkeit steht auch die Sicherheit des Zahlungsverkehrs im Fokus der Unternehmen. Allein in Deutschland hat sich das Wachstum der Nutzer im Onlinebanking in den letzten zehn Jahren mehr als verdoppelt. Derzeit verwenden rund 45 Prozent der Deutschen über 16 Jahre das Internet als Zugang zu ihrem Girokonto (Deutsche Bundesbank, 2012). Verbunden damit ist ein verständlicherweise gesteigertes Verlangen nach Sicherheit der Zahlungen, sowohl bei Privatkunden als auch im Firmenkundenbereich. Die Dringlichkeit des Sicherheitsaspekts wurde in den vergangenen Jahren zusätzlich durch die Enthüllungen von Überwachungs- und Spionagetätigkeiten weltweiter Geheimdienste bestätigt.

Während der Zahlungsverkehr im Privatkundenbereich auch in Zukunft Angriffen von Trojanern sowie Phishing-Betrugsversuchen ausgesetzt sein dürfte, ist das Risiko im Zahlungsverkehr für Firmenkunden eher geringer. Durch die Verwendung von EBICS (Electronic Banking Internet Communication Standard) reduziert sich für Unternehmen die Gefahr um ein Vielfaches. Die Daten sind für den Transfer mit modernsten (doppelten) Verschlüsselungs- und Sicherungsverfahren versehen und somit im Regelfall vor Manipulationsversuchen geschützt. Allerdings schließen diese Verfahren kundenspezifische Sicherheitsempfehlungen im Unternehmen nicht aus. Durch die steigende Verbreitung von EBICS in Europa wird dieses Verfahren auch für überregional tätige Unternehmen zunehmend interessant und stellt eine kostengünstige sowie sichere Alternative zum globalen SWIFT-Netzwerk dar.

1.1.4 Informationsumfang

Mit Einführung der SEPA war eine Umstellung der Datenträgerformate auf XML-Nachrichten verbunden. Ein Merkmal dabei ist die Verwendung von strukturierten und unstrukturierten Verwendungszweckfeldern, die zur Angabe von Zahlungsreferenzen dienen. Bei Nutzung unstrukturierter Verwendungszwecke gehen allerdings viele mögliche Inhalte zu einer Zahlung verloren. So konnten beispielsweise unter dem DTA-Verfahren maximal 378 Zeichen übermittelt werden, unter SEPA Credit Transfer stehen an der Stelle nur noch 140 Zeichen für den Verwendungszweck zur Verfügung.

Referenzierung von Nachrichten unter SEPA

SEPA Nachrichtentypen bieten zwei Möglichkeiten, den Datenträger mit Informationen zur Zahlung zu befüllen: Neben einem strukturierten Referenzfeld steht dem Absender das unstrukturierte Verwendungszweckfeld zur Verfügung. Die »End-to-End«-Referenz wird dabei in der gesamten Prozesskette einer Zahlung durchgereicht (auch bei Rückgaben der Zahlung). Im SAP-Standard enthält diese eindeutige Referenzierung im Regelfall die Ausgleichsbelegnummer der Zahlung.

Zusätzlich stehen mit dem unstrukturierten Verwendungszweck weitere 140 Zeichen zur Verfügung. Er enthält im Regelfall die eigentlichen Informationen wie Kundennummer, Rechnungs- oder Gutschriftnummer zur Zahlung.

Dies hat zur Folge, dass umfangreiche Informationen zur Zahlung nicht oder nur noch teilweise dem Empfänger übermittelt werden können. Somit wird in einigen Fällen ein Medienbruch ausgelöst, der zu vermehrten Zahlungsavisen in der Debitorenbuchhaltung führt. Grundsätzlich wäre eine deutlich höhere Belegung des unstrukturierten Mehrzweckfelds wünschenswert, welches unter den technischen Gesichtspunkten auch möglich, aber in den Regelwerken zum Zahlungsverkehr derzeit so nicht vorgesehen ist.

Aufgrund der engen Verzahnung des Zahlungsverkehrs zwischen den jeweiligen Fachabteilungen sind zusätzliche Informationen zur Zahlung oftmals hilfreich. Abzüge, Unter- oder Überzahlungen zu einer Rechnung werden dem Empfänger in der Regel über einen gesonderten Schriftverkehr mitgeteilt. Diese müssen im Rahmen eines Klärungsfalls bei der Verbuchung der Zahlung erst mühsam zusammengeführt werden. Die Möglichkeit, der Zahlung optionale Zusatzinformationen (Bild und Text) anzuhängen, würde den Bezahlprozess nachhaltig verbessern.

1.1.5 Transaktionskosten

Neben den technischen Aspekten eines optimierten Bezahl- und Verbuchungsprozesses stehen auch die Kosten einer Zahlung im Blickpunkt der Unternehmen. Durch die SEPA werden Zahlungen im paneuropäischen Geltungsbereich heute zu Inlandskonditionen verrechnet. Für Überweisungen in den Nicht-Euro-Raum sowie für Währungszahlungen fallen nach wie vor noch sehr hohe Gebühren an.

Bezüglich der Kostenkontrolle können wir bereits erste vielversprechende Schritte in Richtung Transparenz durch Leistungsberichte entdecken. Mit dem ISO-20022-Format *camt.086* (Bank Service Billing) wird von zahlreichen Großbanken eine Abrechnung ihrer erbrachten Dienstleistungen nun auch in elektronischer Form realisiert. Parallel dazu gibt es bereits erste Lösungsansätze für die Integration in die ERP-Systeme. Ein durchgängiges Controlling sowie die Vergleichbarkeit von Services und Produkten aufgrund standardisierter Regeln und Richtlinien werden dadurch deutlich einfacher und schneller.

1.2 Electronic-Banking-Softwarelösungen

Unter dem Begriff *Banking Communication Standard* (BCS) hat sich ein Standard entwickelt, der den Datenaustausch zwischen den Kreditinstituten und den Firmenkunden in Deutschland regelt.

Neben der allgemeinen Erreichbarkeit einer Bank enthält das Abkommen

- Standards in der Bankenkommunikation,
- Sicherheit im Transfer,
- eine Beschreibung der Datenformate.

Diese Multibankenfähigkeit ermöglicht dem Anwender die einfache und schnelle Anbindung von ERP-Systemen sowie die Verarbeitung der Daten von unterschiedlichen Banken mit einem Programm.

Ein weiterer Begriff, der sich in diesem Zusammenhang etabliert hat, ist der *Multicash-Standard*. Dahinter verbergen sich Produkte und Softwarelösungen, die an den BCS anknüpfen und Transaktionen mit zahlreichen Banken ermöglichen. In den meisten europäischen Ländern wird dieser Standard mittlerweile unterstützt, oder es werden landesspezifische Module ausgeliefert.

Allerdings sind der Einsatz und die Verwendung von Standardsoftware an einigen Stellen nur begrenzt möglich. In bestimmten Fällen reichen die bestehenden Kommunikationsmöglichkeiten zur Bank nicht aus, sodass Alternativen gesucht werden müssen. In den vergangenen Jahren war die Anbindung an das globale SWIFT-Netzwerk für zahlreiche Unternehmen eine Option. Verbunden damit wurden von der Softwareindustrie Produkte entwickelt, die eine direkte Bankenkommunikation (EBICS und SWIFT) ermöglichen. So wurde beispielsweise mit *SAP Bank Communication Management* von der SAP SE eine Lücke im ausgehenden Zahlungsverkehr geschlossen, die über viele Jahre hinweg nur mittels Fremdsoftware überbrückt wurde. Im Vergleich zu EBICS ist die Kommunikation mit SWIFT jedoch verhältnismäßig teuer und für zahlreiche Unternehmen an der Stelle nicht oder nur sehr schwer realisierbar.

Die Lücke in der globalen Erreichbarkeit wird derzeit über weitere interessante Möglichkeiten geschlossen. Mit der Entwicklung von *Software-as-a-Service*-Lösungen (SaaS) entstehen neue Wege für die globale Erreichbarkeit von Banken.

Anders als bei fest installierten Programmen, erfolgt hier der Zugriff auf die Banken über webbasierte Anwendungen, die skalierbar sind und mit den Anforderungen des Unternehmens mitwachsen können. Die Datenträgerformate richten sich nicht nach den Möglichkeiten, die die Bankensoftware bietet, sondern können bilateral mit der Bank abgesprochen werden und in die SaaS-Lösungen einfließen.

Dass solche Lösungen direkt in das ERP-System einfließen können, zeigt das *Financial Service Network* (FSN) der SAP SE. Mit der neuen, auf der Cloud-Technologie basierenden Lösung bietet das Walldorfer Softwareunternehmen einen weiteren direkten Einstieg in die Bankenkommunikation an. Dabei können sich sowohl Banken als auch Firmenkunden auf einer von der SAP SE betriebenen Plattform anmelden und Dienste in Anspruch nehmen, welche die Banken über diesen Kanal zur Verfügung stellen.

1.3 Der elektronische Kontoauszug unter SEPA

Die Einführung der SEPA bringt neben den neuen Zahlungsverkehrsinstrumenten SEPA Credit Transfer (SCT) und SEPA Direct Debit (SDD) auch Änderungen bei den Kontoauszugsformaten mit sich. Über Jahre hinweg war der Austausch von Kontoinformationen vom SWIFT MT 940-Format (MT = Message Type) geprägt – dem Quasi-Standard im Datenaustausch zwischen den Banken und ihren Kunden.

Da die Zahlungsträger seit Februar 2014 annähernd flächendeckend in ISO 20022-Formaten (XML-Dokumente) ausgetauscht werden, haben Größe und Inhalt der Nachrichten im Zahlungsverkehr zwangsläufig zugenommen. An der Stelle ist ein neues und modernes Format gefragt, in dem die Elemente der SEPA-Datenträger ohne Qualitätsverlust abgebildet werden können. Da die MT-Formate von SWIFT bereits seit vielen Jahren nahezu unverändert bereitgestellt werden, können unter bestimmten Voraussetzungen nicht mehr alle Bestandteile einer Zahlung im Kontoauszug dargestellt werden. So ist es beispielsweise nicht möglich, sämtliche Purpose-Codes zu einer Zahlung im SWIFT MT 940 abzubilden. Durch die Verpflichtung der

Banken, strukturierte Verwendungszweckfelder weiterzuleiten, kann es zu Einschränkungen in der Aufbereitung des unstrukturierten Verwendungszwecks kommen. Als Folge daraus können Probleme bei der Zuordnung und der automatischen Verbuchung des elektronischen Kontoauszuges entstehen.

Die Deutsche Kreditwirtschaft (DK) unterstützt in diesem Zusammenhang zusätzlich zu den SWIFT MT 940- und SWIFT MT 942-Nachrichten die Cash-Management-Nachrichten (camt), welche auf Basis von ISO 20022 ausgeliefert werden.

Die EU-Verordnung 260/2012 zur Festlegung der technischen Vorschriften sowie der Geschäftsanforderung für Überweisungen und Lastschriften in Euro sieht im Anhang der technischen Anforderungen eine vollständig automatisierte, elektronische Verarbeitung der Daten im gesamten Zahlungsprozess vor.

Darauf aufbauend, müssen beziehungsweise können die Banken ihren Kunden seit dem 01. Februar 2014 die camt-Nachrichtentypen parallel zu den SWIFT-Nachrichtentypen anbieten. Eine Übersicht der Nachrichtentypen

- camt.053 und
- camt.054

unter ISO 20022 sowie ihre Verwendung und Verarbeitung im SAP-Standard werden in Abschnitt 3.4 detailliert beschrieben.

1.4 Fazit

Viele Neuerungen, Trends und Entwicklungen im Zahlungsverkehr stehen im Zusammenhang mit Business-to-Consumer (B2C)-Transaktionen und dürften derzeit nahezu ihren Höhepunkt erreicht haben. Im Bereich Business-to-Business (B2B) besteht dagegen noch immer ein hoher Nachholbedarf bei der Entwicklung und Verwendung neuer Produkte. Insbesondere Banken haben in den vergangenen Jahren keine signifikanten Innovationen auf den Markt gebracht. Mit der PSD wurde eine rechtliche Grundlage geschaffen, dass neben den Banken auch andere Unternehmen Dienstleistungen im Bereich des Zahlungsverkehrs anbieten dürfen. Dabei unterliegen diese Institute den jeweiligen nationalen Aufsichtsbehörden, wie beispielsweise in Deutschland der Bundesanstalt für Finanzdienstleistungsaufsicht (BaFin). Somit ist für Sicherheit und Stabilität im Zahlungsverkehr gesorgt. Abzuwarten bleibt, ob diese neuen Möglichkeiten in naher Zukunft auch ausgeschöpft werden können.

2 Technische Innovationen im Zahlungsverkehr: aktuelle Trends und Entwicklungen

Gastbeitrag Dr. Ernst Stahl, Stefan Weinfurtner
(ibi research an der Universität Regensburg GmbH)

Der Zahlungsverkehr befindet sich in einer starken Umbruchphase: Gerade innovative Bezahlverfahren neuer Anbieter, die keine klassischen Geldinstitute sind, könnten sich zunehmend zwischen Kunde und Bank schieben und die etablierten Finanzdienstleister in den Hintergrund drängen. Und dies zunehmend nicht nur im Online-Bereich, sondern auch am physischen Point of Sale (PoS).

Auf den ersten Blick wurde die Weiterentwicklung des Zahlungsverkehrs (ZV) in Deutschland und Europa in den vergangenen Jahren von dem großen politisch getriebenen Thema Single Euro Payments Area (SEPA) und den etablierten Akteuren dominiert [ibi research 2012, S. 7–24 ff.]. Ein genauerer Blick zeigt jedoch, dass sich im Windschatten dessen eine zweite Entwicklung abspielt, die von der anderen Seite der Zahlungsverkehrskette, von den Präferenzen der Kunden und der Händler am Point of Sale (PoS), ausgeht.

Die innovativen Bezahlverfahren der neuen Anbieter haben inzwischen eine Reife und einen Komfort erreicht, dass sie die bestehenden Verfahren der Banken angreifen und ersetzen könnten – heute im Online-Bereich, morgen aber auch am physischen PoS. Solche Akteure könnten sich zunehmend zwischen Kunde und Bank schieben und die etablierten Finanzdienstleister in den Hintergrund drängen.

In diesem Beitrag sollen die technischen Treiber hinter den Innovationen am PoS beleuchtet, erreichte Reifegrade abgeschätzt und fachliche Einsatzszenarien betrachtet werden. Dies geschieht in fünf Abschnitten. Zu Beginn wird gezeigt, wo im Netzwerk der ZV-Beteiligten diese Entwicklungen einzuordnen sind. Im zweiten Schritt erfolgt eine Analyse, wie neue Akteure bereits mit der begrenzten Innovation der »sicheren Rechnung« Bankdienstleistungen im Online-Bereich nutzbringend ergänzen. Mit dem dritten Schritt, auch noch im Online-Bereich angesiedelt, werden innovative Akteure vorgestellt, die mit umfassenden Lösungen direkte Bankdienstleistungen weitgehend ersetzen und eine hohe Reputation entwickelt haben. Der vierte Schritt zeigt, wie die gleichen Akteure nun mit zunehmend überzeugenden technischen Lösungen für Mobile Payments an den physischen PoS vordringen und auch dort die etablierten Banken angreifen werden. Im fünften Schritt wird abschließend ein kurzes Fazit gezogen.

2.1 Akteure im Zahlungsverkehr – wo spielt die Innovation?

Bei Innovationen im Zahlungsverkehr denkt man sehr schnell an »großflächige« Themen. Wie stellt man durch permanente, evolutionäre Weiterentwicklungen einen stabilen, hochsicheren und schnellen Euro-Massenzahlungsverkehr dar? Welche Veränderungen bringt SEPA im europäischen Raum? Tatsächlich haben diese Fragen die öffentliche Debatte zur Weiterentwicklung des Zahlungsverkehrs in den letzten Jahren bestimmt. Auslöser waren politische Entwicklungen und Zielvorgaben, ergänzt um Anstrengungen der etablierten Akteure zur Erzielung von Größenvorteilen. Technik war dabei lediglich die Antwort auf politische und fachliche Anforderungen (vgl. Abbildung 2.1).

Im Windschatten dieser Entwicklung lief aber ein ganz anderer Innovationsstrang ab. Neue, eher revolutionäre Technologien ermöglichen innovative Zahlungsverfahren am PoS zwischen Kunden und Händlern. Sie wurden im Online-Handel geboren und zur Reife entwickelt, zeigen nun aber eine zunehmende Tendenz in Richtung des physischen PoS: zur Tankstellen-, Supermarkt- oder auch Bäckereikasse. Bei dieser Entwicklung ist innovative Technik der Auslöser. Sie liefert der Fachseite Optionen, eröffnet neue Geschäftsmodelle und bringt Akteure hervor, die noch vor einigen Jahren keinerlei Rolle im Zahlungsverkehr spielten. Dies alles hat einen deutlich stärker revolutionären denn evolutionären Charakter.

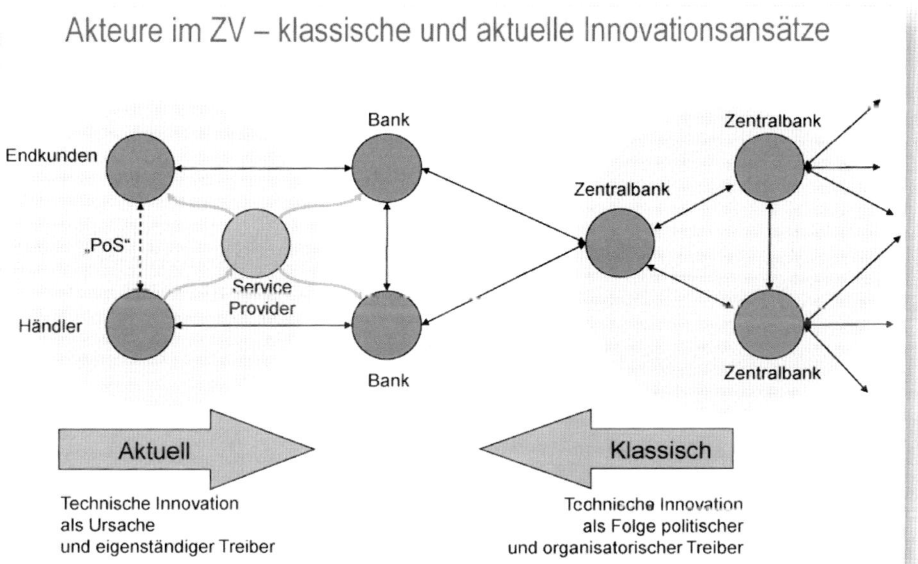

Abbildung 2.1: Akteure im Zahlungsverkehr – klassische und aktuelle Innovationsansätze

Solange der Trend auf den Online-Handel beschränkt war, erfasste er nur einen Bruchteil des gesamten Einzelhandelsvolumens. Im Jahr 2014 wurden laut Bundesverband E-Commerce und Versandhandel Deutschland [bevh 2013] 51,2 Mrd. Euro für Waren und Dienstleistungen ausgegeben, die über das Internet verkauft wurden. Das entspricht einem Anteil von gut 85 Prozent des gesamten Versandhandelsumsatzes 2014. Für das Jahr 2015 rechnet der bevh beim Online-Versandhandel mit einem Umsatz von über 46,9 Mrd. Euro. Das Internet ist damit weiterhin der Vertriebskanal mit der höchsten Wachstumsdynamik.

Etablierte Finanzdienstleister könnten dies als eher nebensächlich abtun. Nun aber scheint der nächste große Schritt möglich. Mit der Verfügbarkeit gereifter Technologien für Smartphones und Near Field Communication (NFC) lassen sich Verfahren für das sichere mobile Bezahlen etablieren, die die aus dem Online-Bereich bekannten Verfahren nun auf den physischen PoS übertragen.

Wenn dieser Rollout von neuen Akteuren forciert wird, könnten die etablierten Finanzdienstleister unter starken Druck geraten. Wer jetzt zögert, könnte den Kontakt zum Kunden an der ZV-Schnittstelle verlieren und noch vorhandene Margen (z. B. aus Debit- und Kreditkartenzahlungen) sowie Liquidität einbüßen. Besteht erst ein ZV-Konto bei einem der neuen Anbieter, so sind vielleicht im nächsten Ausbauschritt einfache Anlagekonten nicht mehr fern.

2.2 Die gesicherte Rechnung: Nutzensteigerung bei Zahlungen im Online-Handel

Einer der kritischsten Punkte im Online-Handel ist der Zahlungsvorgang. Dies ist einer der Prozessschritte, in denen die meisten Kaufvorgänge abgebrochen werden. Will man das effizient verhindern, so müssen Zahlungsverfahren für den E-Commerce drei Kernanforderungen bestmöglich erfüllen: erstens Akzeptanz und Verbreitung bei den Kunden, zweitens Schutz vor Zahlungsausfällen für den Händler und drittens niedrige Abwicklungskosten im Interesse von Kunden und Händlern gleichermaßen.

Unglücklicherweise erfüllen die verschiedenen Zahlungsverfahren diese Anforderungen in sehr unterschiedlichem Maß: Die Rechnung wird vom Kunden präferiert, da er zunächst die Ware erhält und erst anschließend zahlt. Die Vorkasse (z. B. durch eine klassische Vorabüberweisung) wird vom Händler bevorzugt, da er das Geld erhält, bevor er die Ware zur Verfügung stellt, was ihn vor Zahlungsausfällen schützt. Mit der Kreditkarte wird z. B. versucht, einen Zwischenweg für beide Parteien zu eröffnen, der allerdings üblicherweise für den Händler teurer als die Vorkasse ist, dafür aber auch dem Kunden mehr Sicherheit bietet.

Der Kauf auf offene Rechnung wäre auch aus Händlersicht ein gutes Instrument, da bei diesem Angebot die Kaufabbruchquote so stark zurückgeht wie bei keinem anderen Instrument [ibi research 2013a, S. 89]. Wie Abbildung 2.2 zeigt, verringert sich bei einem Online-Shop, der den Kauf auf Rechnung einführt, die Kaufabbruchquote durchschnittlich um knapp 80 Prozent. Es ließe sich durch den Einsatz der Rechnungszahlung oft ein deutlich höherer Umsatz erzielen.

Allerdings bräuchte der Händler in der Regel deutlich mehr Sicherheit bezüglich des tatsächlichen Zahlungsverhaltens und der Bonität der Kunden. Eine Reihe von Anbietern ist deshalb in die Bresche gesprungen und bietet einen sogenannten abgesicherten Rechnungskauf an. Der Ansatz ist grundsätzlich immer der Gleiche: Mit Einleitung des Zahlvorgangs wird durch Abfrage von Datenbanken in Realzeit, also ohne Unterbrechung des Kaufprozesses, die Kundenbonität abgeschätzt (Bonitätsprüfung). Dies kann den Zugriff auf Sperrlisten, etwa Listen mit gestohlenen oder bereits durch betrügerische Transaktionen erfasste Konto- bzw. Kreditkartennummern, enthalten. Auch kann eine Sichtung anderer Daten- bzw. Adressbestände intern oder über externe Auskunfteien erfolgen. Eine solche Lösung verlangt deshalb eine hohe Technologie- und Analysekompetenz, damit man letztendlich mit der ermittelten Einschätzung auch richtig liegt. Mehrere innovative Anbieter wie RatePAY, Klarna oder PayPal bieten solche Lösungen gegen Gebühr in Deutschland an und sind damit in eine Domäne eingedrungen, die auch von den »klassischen« Banken weitgehend hätte bedient werden können. Deren Bemühungen sind jedoch durch ihre eigene Nachlässigkeit gegenüber diesem Thema in weiten Teilen gescheitert.

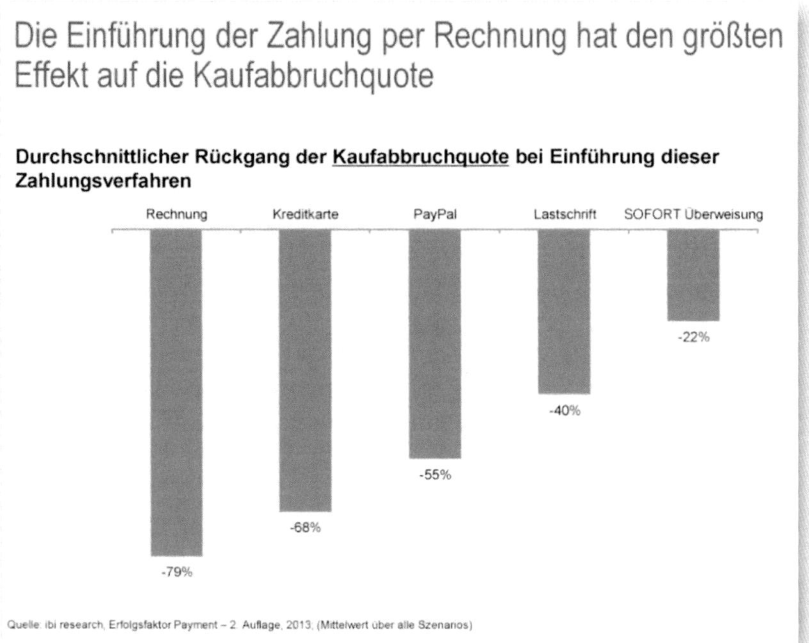

Abbildung 2.2: Durchschnittlicher Rückgang der Kaufabbruchquote

2.2.1 Neue Zahlungsverkehrsanbieter im Online-Bereich

Andere innovative Anbieter gehen einen deutlichen Schritt weiter: Sie decken nicht nur den Abschnitt »Bonitätsprüfung« im Zahlungsvorgang ab, sondern bieten eine aus Kundensicht vollständige ZV-Lösung an. Zu nennen sind hier PayPal, als einer der älteren Anbieter, aber auch Apple mit iTunes bzw. Apple Pay sowie die neueren Verfahren Amazon Payments und die Google-Wallet-Lösung. Solche Anbieter können durchaus mit Banklizenz operieren, die Bank bleibt dabei gegenüber dem Kunden aber im Hintergrund.

Am Beispiel von PayPal lässt sich der hohe Komfort für den Kunden, verbunden mit einer relativ großen Zahlungssicherheit aus Händlersicht, erläutern: Der Kunde kommt im Kaufprozess auf der Händler-Website zum Schritt des Bezahlens. Hier wird er nach der von ihm gewünschten Zahlungsoption gefragt und, wenn er »PayPal« wählt, automatisch auf die PayPal-Login-Seite weitergeleitet. Dort muss er im Normalfall lediglich seine bei der Registrierung angegebene E-Mail-Adresse sowie sein Passwort eingeben und kann mit nur wenigen Klicks und ohne Eingabe einer Konto- oder Transaktionsnummer (TAN) den Zahlungsvorgang abschließen. Danach wird er automatisch zum Händler zurückgeleitet. Genauso einfach funktioniert dies bei Zahlungen ins Ausland. Für den Kunden ist dies sehr komfortabel, und der Händler hat eine weitgehende Zahlungsgarantie. Die Standardgebühren in Deutschland liegen für einen Händler bei

- 1,9 Prozent (bis 5.000 Euro Umsatz),
- 1,7 Prozent (Umsatz zwischen 5.001 und 25.000 Euro) bzw.
- 1,5 Prozent (Umsatz größer als 25.000 Euro)

plus Fixum je Zahlung (0,35 Euro) und damit im Mittelfeld im Vergleich zu anderen Zahlungsarten.

Für PayPal und vergleichbare Anbieter ist der Business Case attraktiv: PayPal schreibt dem Händler den Betrag gut und erhält ein vereinbartes Disagio (vgl. oben) des Rechnungsbetrags. PayPal belastet den Kunden, und zwar in der großen Mehrzahl der Fälle in Deutschland per Lastschrift vom Kundenkonto bei der vorab bei PayPal durch den Kunden definierten Bank; diesbezüglich fallen für PayPal nur relativ geringe Kosten an. Nur für eine wesentlich kleinere Zahl der Fälle, in denen PayPal z. B. die Kreditkarte des Kunden belastet oder den Kunden um eine giropay-Transaktion bittet (z. B. aufgrund der Warenkorbhöhe oder der Bonitätseinschätzung), muss PayPal höhere Kosten übernehmen. Diese Mischkalkulation vieler Lastschriftbelastungen und weniger Kreditkarten- und giropay-Transaktionen führt zu einer attraktiven Marge. Die Banken werden letztendlich zum reinen Ausführungsorgan im Hintergrund.

Auch Amazon beschreitet seit April 2011 in Deutschland neue Wege. So stellt das Online-Versandhaus neuerdings sein eigenes komfortables Zahlungsverfahren (Amazon Payments) ebenfalls anderen – sogar konkurrierenden – Web-Händlern als Service zur Verfügung. Alle Kunden des Händlers, die bereits Amazon-Kunden sind, können dann von der Händler-Website aus durch kurzes Verzweigen auf den von Amazon gewohnten Prozess zahlen und kehren anschließend automatisch zum Händler zurück.

Die Reaktion der Händler ist verständlicherweise gespalten. Einerseits begrüßen sie die Bereitstellung eines bereits von vielen Kunden akzeptierten Verfahrens. Andererseits befürchten sie, dass Amazon nicht nur Zahlungsbeträge, sondern auch Produkt- und Preisinformationen nutzen könnte, um gut gängige Produkte zu identifizieren und selbst zu vertreiben oder attraktiv zu bepreisen. Dies mag weitere Anbieter ähnlicher Lösungen begünstigen, die ebenfalls in den Startlöchern stehen: Apple und Google bieten ihre Services zwar bisher primär für die selbst zur Verfügung gestellten elektronischen Leistungen an, könnten ihre Anwendungsspektren aber einfach erweitern.

Amazon geht in seinen Services bereits wieder einen Schritt weiter und stellt Händlern wie auch Herstellern mit dem Service »Amazon Webstore« (*http://webstore.amazon.com*) die komplette Materialwirtschaftskette von der Angebotspräsentation bis zur Zahlung zur Verfügung. Spätestens hier wird offensichtlich, dass Kunden mit Erfahrung in der Online-Welt die Zahlungsfunktion ganz anders einordnen, als dies Banken tun: Für Kunden ist die Zahlung nur der letzte Schritt einer durchgängigen Kette, die mit Suche, Anfrage und Angebot beginnt und über Auftrag, Lieferung und Rechnung bis zur Zahlung führt. Dies gilt umso mehr, je automatisierter und einheitlicher im »Look and Feel« die Schritte aufeinanderfolgen. Der Kunde wird immer weniger einsehen, dass er für den letzten Schritt zu einem anderen Unternehmen (z. B. der Bank) mit ganz anderer Handhabung (z. B. dem Online-Banking) wechseln soll.

2.3 Mobile Geräte transportieren die neuen Verfahren an den physischen Point of Sale

Im Online-Bereich haben Kunden das Zahlen mit PayPal, Amazon Payments und anderen Verfahren geübt und zunehmend schätzen gelernt. Da liegt es nahe, die gleichen Verfahren auch am physischen PoS, also an der Laden-, Supermarkt- und Tankstellenkasse, zu nutzen. Vier Bedingungen müssen dafür erfüllt sein:

- Die Lösung muss technisch ausgereift und in der Wahrnehmung der Beteiligten sicher sein.
- Kunden und Händler müssen sie genauso komfortabel und schnell handhaben können wie die gängigen Verfahren. Zusatznutzen (z. B. Bonusprogramme, sogenannte Location-based Services, also standortsbezogene Dienste) könnten die Akzeptanz weiter steigern.
- Der/die Anbieter und Betreiber müssen hohes Vertrauen genießen.
- Die komplexe Gesamtkette muss sich geschäftlich rechnen, sodass der Business Case für die Beteiligten aufgeht.

Die aktuell diskutierten Lösungen für Mobile Payments (M-Payment-Verfahren) scheinen diese vier Bedingungen zu erfüllen und damit das Potenzial zu haben, Bar- und Kartenzahlungen (Debit und Kredit) erfolgreich anzugreifen.

2.3.1 Technische Reife

Mit Smartphone und Händler-Terminal stehen zwei unabhängige, intelligente Geräte mit gestaltbarer Sicherheit zur Verfügung. Kontaktloses Zahlen via NFC wie bei Apple Pay, das zeitgleich mit dem iPhone 6 vorgestellt wurde, erlaubt eine sichere Verbindung, aber auch QR-Codes scheinen für Nischenangebote eine geeignete Möglichkeit darzustellen. In Realzeit abrufbare Risikodatenbanken am Back End gestalten heute schon – wie bei der gesicherten Rechnung – zusätzliche Bonitätsabfragen.

2.3.2 Komfort und Schnelligkeit

Die online verfügbaren Zahlungsverfahren zeigen bereits einen Komfort und eine Geschwindigkeit, die – wenn sie klug auf den physischen PoS übertragen werden – mit den dort etablierten Verfahren konkurrieren können. Man hört aber auch mehrere Argumente gegen das Smartphone und für Karten: Letztere seien kleiner und handlicher, Ausdruck der vom Kunden gewünschten Trennung zwischen sicherer Bankfunktion und anderen Leistungen, schließlich auch Image-Träger. Dem sind allerdings auch gewichtige Argumente entgegenzuhalten:

- Eine Einzelkarte ist zwar kleiner und leichter als ein Smartphone. Der Umfang eines wachsenden Stapels von Karten kommt dem der immer dünneren Smartphones jedoch zunehmend nahe. Vor allem aber: Ein Smartphone hat heutzutage sowieso beinahe jeder dabei, während man die Karten zusätzlich transportieren und sichern muss. Mehrere Karten in einem Geldbeutelfach können sich zudem technisch derart gegenseitig stören, dass die Karte zur Benutzung erst separat herausgezogen werden muss.
- Der Kunde besitzt die Karte zwar, hat aber oft das Gefühl, dass sie nicht wirklich sein Eigentum ist. Will die Bank sie sperren oder der Geldautomat sie einziehen, so kann der Kunde das nicht verhindern. Das Gefühl, sein Smartphone zu kontrollieren, ist deutlich höher.
- Die Karte ist unkommunikativ, sie wirkt nicht intelligent. Die Abfrage des Kontostands oder die Eingabe von Daten erfordern weitere Lese- und Schreibgeräte, die der Kunde im Zweifel nicht kontrolliert.
- Ob das Image einer Karte höher als das des neuesten iPhones ist, kann man bezweifeln. Eine Platinum-Karte kann Neidgefühle wecken, aber ein Mobilgerät von exklusiven Premiumherstellern wie Vertu bzw. die »Special Editions« der großen Hersteller ebenso.
- Mit dem Smartphone kann man einfachen Zusatznutzen aus der integrierten Warenwirtschaftskette realisieren. Der Gesamtprozess rund um Gutscheine und Rabatte – neudeutsch

»Couponing« – kann sehr elegant via Smartphone ablaufen, wobei sich die Zahlungsfunktion nahtlos integriert. Couponing ist aber zum jetzigen Zeitpunkt in Deutschland noch nicht sehr verbreitet, und es bleibt abzuwarten, ob es sich – und wenn ja – wie schnell etablieren wird [ibi research 2013b]. Sollten wir eines Tages die Waren im Supermarkt beim Hineinlegen in den Einkaufswagen selbst »einscannen«, so geschieht dies vermutlich ebenfalls via Smartphone, das der Kunde dann auch zum Zahlen an der Kasse verwenden möchte.

Zu den Themen »Komfort und Schnelligkeit« sei abschließend bemerkt, dass eine Multifunktionskarte eigentlich nur den Nachteil des hohen Kartenstapels löst, dafür aber das Branding-Problem der einzelnen Anbieter verstärkt. Insofern bietet das Smartphone auch hier vermutlich die weitaus bessere Alternative.

2.3.3 Vertrauen in die neuen Anbieter

Kunden haben hohes Vertrauen zu einigen Anbietern im Internet und zu deren Prozessen entwickelt. Namen wie »Amazon« und »Apple« werden heute mit nahezu perfektem und höchst zuverlässigem Service assoziiert und genießen ein ähnlich hohes Vertrauen wie Banken; vielleicht sind sie nach der Finanzmarktkrise sogar im Vorteil. Das gilt übrigens nicht in gleichem Umfang für Telekommunikationsanbieter. Überraschungen auf der Telefonrechnung, unerwartet hohe Auslandsgebühren, Service-Probleme beim Tarifwechsel etc. unterminieren die Bildung von Vertrauen zu diesen Anbietern. Analysen über die vermeintlichen »Gewinner« unter den Innovatoren wären aber ein interessanter Ausblick.

2.3.4 Ein sich rechnender Business Case

Ein sich rechnender Business Case ist naturgemäß umso schwieriger zu erreichen, je mehr Parteien in der Prozesskette aktiv und je geringer die Margen sind. Beides trifft für den ZV zu. Aber eine günstige

Gelegenheit (»Window of Opportunity«) könnte sich z. B. durch neue Smartphones von Elektronikanbietern wie etwa Apple und Samsung ergeben. Hersteller wie auch Service-Dienstleister haben ein enormes Interesse, diese relativ teuren Geräte zu platzieren und für höheren Datendurchsatz zu sorgen. Da ist die Zahlungsfunktion als zusätzlicher Nutz- und Frequenzbringer willkommen. Man kann sich also vorstellen, dass Hersteller und Service-Geber Subventionierungselemente wie etwa vergünstigte Geräte und Tarife einbauen.

Gerade Apple und Samsung, aber auch andere Telekommunikationsanbieter setzen auf die NFC-Technologie. Und MasterCard als eine der größten Kreditkartengesellschaften versucht mit MasterPass gar, alles unter einen Hut zu bekommen: sei es den Ein-Klick-Kauf im Internet oder den QR- bzw. NFC-Kauf im stationären Laden. Unabhängig davon: Das Mobiltelefon wird sich zunehmend in die Bezahlwelt integrieren. Technischer Standard der nächsten Jahre wird dabei NFC sein.

2.4 Fazit

Technische Innovationen haben zu völlig neuen Möglichkeiten geführt, Zahlungen am Point of Sale komfortabel, schnell und sicher abzuwickeln. Ihr Einsatz begann im Online-Handel, sei es mit ergänzenden Komponenten wie der gesicherten Rechnung, sei es als eigenständige Zahlungsverfahren insbesondere der großen Online-Anbieter.

Die Reifung weiterer Technologien für Smartphones und NFC sowie die zunehmende Verbreitung von Realzeit-Bonitätsabfragen erlauben es nun, die im Online-Bereich etablierten Verfahren auf den »normalen« Offline-Handel zu übertragen. Die großen Online-Anbieter entwickeln sich in diese Richtung weiter. Sie werden zunehmend zu Integratoren und umfassenden Service-Gebern, bei denen die Zahlung nur ein Element in einem umfassenden Logistikprozess darstellt.

Bei dieser Entwicklung droht den etablierten Banken die Verdrängung am PoS, also gerade an demjenigen Punkt, an dem sie historisch die meisten Kundenkontakte hatten. Dies dürfte mit Margenverlusten verbunden sein: Ertragsreichere Zahlungen, wie Debit- und Kreditkartenzahlungen, werden durch Lastschriften via Service-Geber ersetzt. Eine weitere Gefahr droht durch innovative händlerseitige Bezahllösungen, die die Handhabung der Kreditkartennutzung gerade für kleinere Händler stark vereinfachen bzw. überhaupt erst sinnvoll ermöglichen. Hier sind beispielsweise iZettle und PayPal Here zu nennen. Dabei fungiert ein Smartphone (oder auch ein Tablet-PC) mit angestecktem Kartenleser als Händlerterminal für Kreditkartenzahlungen, ohne dass ein Händler einen klassischen Acquiring-Vertrag abschließen muss. Er muss sich lediglich bei dem Dienstleister anmelden und sich ein kostengünstiges bzw. zum Teil kostenloses Kartenlesegerät besorgen.

Weitere Kosten fallen in der Regel nur dann an, wenn eine Zahlung tatsächlich durchgeführt wird. Kreditkartenzahlungen können somit auch von allen Händlern, denen diese aufgrund der niedrigen Transaktionszahlen bisher zu teuer und auch zu aufwändig waren, angeboten werden. Dadurch erreichen die anbietenden Dienstleister wie PayPal eine noch höhere Marktdurchdringung und Wahrnehmung. Nicht vergessen darf man auch, dass die »neuen« Zahlungsabwickler schon morgen in einem weiteren Schritt durchaus einfache Anlageprodukte dazustellen könnten.

»Klassische« Banken können dem aktiv entgegenwirken, denn auch ihnen stehen die neuen Technologien offen. Aber dies erfordert zweierlei: Erstens müssen sie sich zügig auf die einzusetzenden Verfahren einigen – deutlich schneller als in der Vergangenheit, wie es das Beispiel der wenig erfolgreichen kontaktlosen GeldKarte zeigt. Zweitens müssen sie stärker in integrierten Logistikketten denken und gegebenenfalls auch Prozessschritte, wie eine elektronische Rechnungsabwicklung, anbieten, die der Zahlung vorgelagert sind. Es wird interessant sein, die strategische Positionierung unterschiedlicher Banken zu beobachten und wie die anderen darauf reagieren werden!

2.5 Literatur/Quellen

- [bevh 2015]
  Bundesverband E-Commerce und Versandhandel Deutschland: *https://www.bevh.org/uploads/media/150303_Pressepr%C3%A4↩ sentation.pdf* (Seite 15, 28), März 2015.
- [ibi research 2012]
  ibi research: E-Commerce-Leitfaden – Noch erfolgreicher im elektronischen Handel, Regensburg 2012.
- [ibi research 2013a]
  ibi research: Erfolgsfaktor Payment – Der Einfluss der Zahlungsverfahren auf Ihren Umsatz – 2. Auflage, Regensburg 2013.
- [ibi research 2013b]
  ibi research: Social Media in Deutschland – Daten, Fakten und Status quo, Regensburg 2013.

3 Einlesen und Verarbeiten von Kontoauszügen im SAP-Standard

Das Einlesen der Kontoauszüge im SAP-Standard eröffnet Ihnen zahlreiche Optionen, mit deren Hilfe Sie gezielt den weiteren Prozessverlauf Ihrer Kontoauszugsverarbeitung steuern können. In diesem Kapitel erhalten Sie einen Einblick in die neuen Funktionalitäten des Enhancement Package 6 (EhP6) sowie in die Verwendung unterschiedlicher Kontoauszugsformate. Abgerundet wird dieser Teil mit der Verarbeitung von Rücklastschriften in SAP.

Bereits seit vielen Jahren stellt SAP mit dem Standardreport RFEBKA00 ein Programm zur Verfügung, mit dem Kontoauszüge einfach und schnell in SAP importiert werden können. Die folgenden Kernelemente des Reports zeigt auch Abbildung 3.1:

- Dateiangaben – Festlegung der zu interpretierenden Formate
- Buchungsparameter – Nachbearbeitungsmodus der Auszüge
- Finanzdisposition – regelt den Datenfluss an die Finanzplanung
- Algorithmen – Interpretation von Verwendungszwecken
- Ausgabesteuerung – Ausgabe von Protokollen und Listen

Im Folgenden werfen wir einen genaueren Blick auf die drei ersten Elemente des Reports RFEBKA00. Im SAP-Standard finden Sie bereits eine Reihe an Standard- und bankspezifischen Formaten, wie beispielsweise SWIFT MT940, Multicash oder DTAUS, die eine Verarbeitung der Kontoauszüge ermöglichen. Darüber hinaus existiert eine Vielzahl zusätzlicher Konvertierungsreports, mit deren Hilfe weitere landesspezifische Kontoauszugsformate in das Multicash-Format konvertiert und im Anschluss über den Report RFEBKA00 verarbeitet werden können. Eine Auswahl der von SAP unterstützten Formate können Sie dem SAP-Hinweis 106121 entnehmen. Mit zunehmender Akzeptanz der ISO 20022-Nachrichten sind auch XML-Formate verfügbar, deren Integration im weiteren Verlauf des Kapitels ausführlicher beschrieben wird.

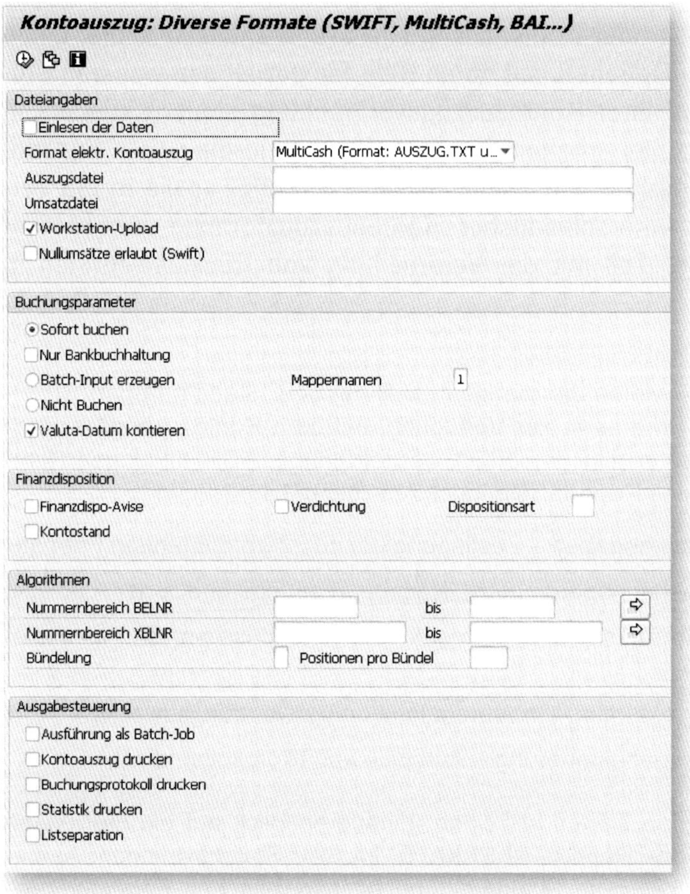

Abbildung 3.1: Übersicht Report RFEBKA00

Mithilfe der *Buchungsparameter* steuern Sie die Bearbeitung der fehlerhaften Kontoauszugspositionen. Dabei können Sie zwischen einer direkten Verbuchung und einer Batch-Input-Verarbeitung wählen. Buchen Sie die Kontoauszüge direkt in SAP, besitzen Sie mit der

Transaktion FEBAN ein effizientes Werkzeug zur Nachbearbeitung. Ab EhP6 verwenden Sie analog zu FEBAN die TRANSAKTION FEB_BSPROC. Nutzen Sie allerdings die Batch-Input-Variante, stehen Ihnen die erweiterten Möglichkeiten der Nachbearbeitung nicht zur Verfügung. In der Praxis hat sich die Verwendung von Batch-Input-Mappen oftmals nicht bewährt, sodass sich die FEBAN-Transaktion in vielen Unternehmen als Standard durchgesetzt haben dürfte. Die Funktionalitäten der Transaktionen FEBAN und FEB_BSPROC werden in Kapitel 4 umfassend beschrieben.

Mit dem Element *Finanzdisposition* steuern Sie die Integration der Daten in Ihren Tagesfinanzstatus sowie in die kurzfristige Liquiditätsvorschau. Die Umsetzung der Daten in das Cash-Management-Modul kann dabei auf Basis von SWIFT MT940 oder von landesspezifischen Kontoauszugsinformationen erfolgen. Zusätzlich besteht die Möglichkeit, avisierte Finanzinformationen im Format SWIFT MT942 über den Report RFEBKA00 zu verarbeiten. Die Verwendung der Vormerkposten wird ebenfalls im weiteren Verlauf des Kapitels erläutert.

3.1 Einstellungen für den Datenimport unter EhP6

Den automatischen Einlesevorgang von elektronischen Kontoauszügen regelt im SAP-Standard der *Schedule Manager* (siehe Abbildung 3.2). Mit diesem Werkzeug können Sie betriebliche Prozesse abbilden, indem Sie diese in Aufgabenpläne gliedern und anschließend vom System abarbeiten sowie überwachen lassen. Sie erreichen den Schedule Manager über den Menüpfad RECHNUNGSWESEN • FINANZWESEN • BANKEN • PERIODISCHE ARBEITEN • SCHEDULE MANAGER oder alternativ über die TRANSAKTION SCMA. Definieren Sie in einem ersten Schritt einen Aufgabenplan und die gewünschten Ausführungsdaten in den Kalendereinstellungen. Legen Sie im nächsten Schritt die eigentliche Funktion im Aufgabenplan an, indem Sie beispielsweise den Report und die Variante für den Einlesevorgang des elektronischen Kontoauszugs festlegen.

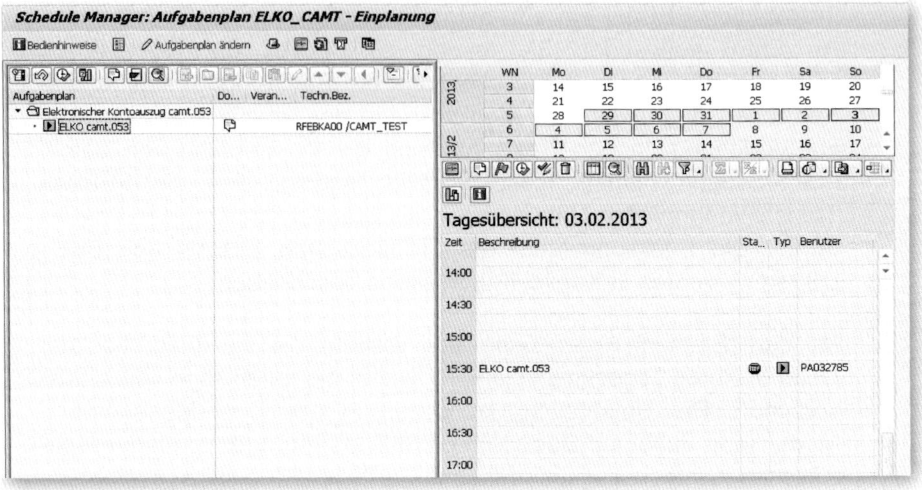

Abbildung 3.2: Einplanung Kontoauszugsverarbeitung über den Schedule Manager

Der Monitor im Schedule Manager zeigt Ihnen in der Tagesübersicht den jeweiligen Verarbeitungsstatus der angelegten Jobs. Über den Monitor können Sie außerdem in die Job-Logs und die Spool-Übersicht verzweigen.

Alternative Schedule Manager

Der Schedule Manager stellt somit eine einfache Alternative dar, um Kontoauszüge in eine Verarbeitungskette automatisiert einzuplanen und abzuarbeiten, ohne in zusätzliche Software investieren zu müssen.

Mit dem EhP6 steht im SAP-Standard eine Reihe an neuen Funktionalitäten für den automatischen Datenimport bereit. Um die zusätzlichen Elemente der Kontoauszugsverarbeitung verwenden zu können, muss im SAP Customizing Einführungsleitfaden zuerst – wie in Abbildung 3.3 dargestellt – die dazugehörige Enterprise Business Function FIN_BL_EB_1 aktiviert werden.

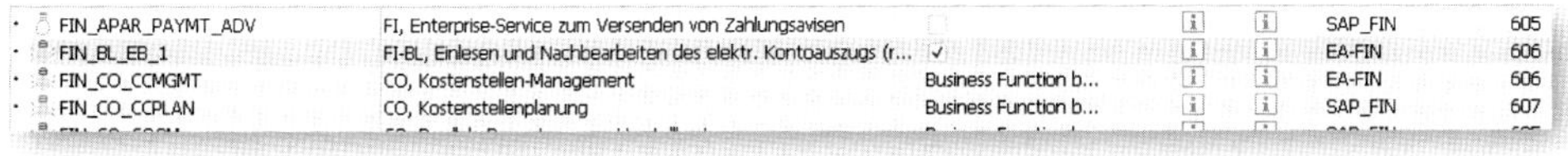

Abbildung 3.3: Aktivierung der Business Function FIN_BL_EB_1

Mit der Aktivierung erhalten Sie nachfolgende Neuerungen und Erweiterungen:

- Automatisches Einlesen und Weiterleiten von Kontoauszügen,
- Nachbearbeitung der Kontoauszüge (Ein-Bild-Transaktion),
- Kontoauszugsübersicht im SAP NetWeaver Business Client (NWBC).

Über die Funktion *Automatisches Einlesen und Weiterleiten von Kontoauszügen* können Daten in einem integrierten Prozess maschinell verarbeitet und weiteren SAP-Systemen zugänglich gemacht werden. Darüber hinaus lässt sich die Einplanung direkt mit dem Schedule Manager verknüpfen.

Elektronische Kontoauszüge können nun mithilfe des neuen Reports FEB_FILE_HANDLING (siehe Abbildung 3.4) über verschiedene Quellpfade formatspezifisch und automatisch verarbeitet werden.

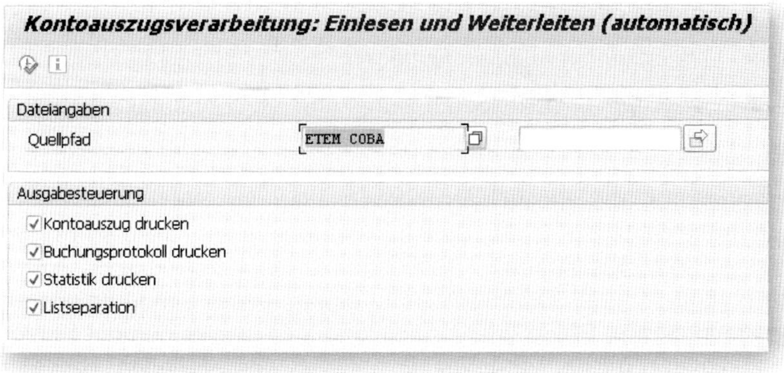

Abbildung 3.4: Report FEB_FILE_HANDLING für automatischen Einlesevorgang

Dies kann zum einen über eine Jobeinplanung, zum anderen direkt über den Schedule Manager in SAP erfolgen. Im Erweiterungspaket werden Ihnen hierzu im Einzelnen folgende Optionen bereitgestellt:

- Massenimport von Kontoauszugsdateien,
- Verwendung der Standardformate SWIFT MT940, MT942, XML und BAI – weitere Formate können über Business Add-ins (BAdI) implementiert werden,
- Angabe von Quellpfaden und Ablage von Kontoauszugsdateien,
- Angabe von Verzeichnissen für fehlerhafte oder nicht verarbeitete Dateien,
- Über- und Weiterleitung der Daten an andere Systeme,
- Einplanung und Protokollierung für die Hintergrundverarbeitung.

Für die Einstellungen des automatischen Datenimports der Kontoauszugsdaten stehen Ihnen im Customizing der Bankbuchhaltung ebenfalls neue Funktionen zur Verfügung:

- logische Pfade definieren,
- Importparameter festlegen,
- Buchungsparameter festlegen,
- Transferinformationen festlegen,
- BAdI für die Dateibearbeitung und die Kontoauszugsverarbeitung.

Sie erreichen die Einstellungsmöglichkeiten im SAP Customizing Einführungsleitfaden in der Bankbuchhaltung unter Geschäftsvorfälle • Zahlungsverkehr • Elektronischer Kontoauszug • Einstellungen für den Datenimport. In einem ersten Schritt definieren Sie die logischen Pfade (siehe Abbildung 3.5), aus denen die Kontoauszugsdaten für die Verarbeitung gelesen werden sollen, bzw. die festlegen, an welcher Stelle die zu verarbeitenden Daten später abzulegen sind.

Abbildung 3.5: Definition für »Logische Pfade«

Die Customizing-Einstellung (siehe Abbildung 3.6) im logischen Pfad steuert über die Verwendung, ob eine Datei

- abgelegt und an eine bestehende Datei angehängt werden soll,
- abgelegt werden soll und die bestehende Datei überschrieben wird,
- abgelegt und ein Zähler an den Dateinamen angehängt werden soll,
- eingelesen werden soll.

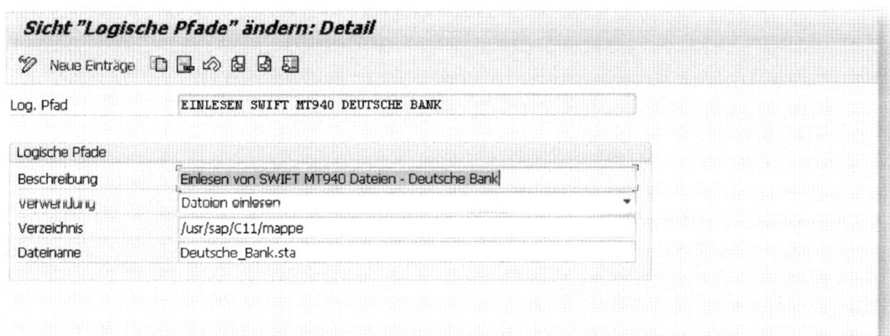

Abbildung 3.6: Detailsicht auf die »Logischen Pfade«

Über die Transaktion FILE können ebenfalls logische oder physische Dateipfade gepflegt werden. Eine Unterstützung des Customizings für das automatische Einlesen der Kontoauszüge findet hier allerdings nicht statt.

Nach Definition der logischen Pfade erfolgt die Pflege der Importparameter (siehe Abbildung 3.7) für den Einlesevorgang der Kontoauszüge. Dazu ordnen Sie die zuvor definierten logischen Pfade einem der festgelegten Kontoauszugsformate zu (SWIFT, Multicash, XML und BAI).

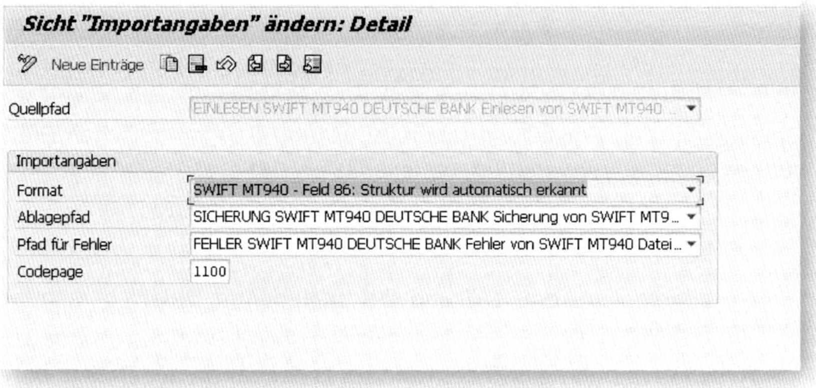

Abbildung 3.7: Importangaben zum Format

Darüber hinaus können Sie einen Pfad für die Ablage von verarbeiteten und fehlerhaften Dateien hinterlegen sowie eine Codepage für das Lesen und Schreiben der Daten angeben. Können die Dateien nach der Verarbeitung nicht in die zuvor festgelegten Verzeichnisse geschrieben werden, erfolgt die Ablage in das ursprüngliche Dateiverzeichnis.

Verwenden Sie Formate, die außerhalb der im SAP-Standard vorgegebenen Importangaben liegen, können Sie diese über das BAdI *Dateibearbeitung* ableiten.

Im nächsten Schritt legen Sie die Buchungsparameter für den Einlesevorgang der Kontoauszüge fest. Dafür finden Sie nahezu die gleichen Elemente, die Sie bereits aus dem Report RFEBKA00 kennen (siehe Abbildung 3.8).

Im Rahmen der Pflege der Buchungsparameter legen Sie fest, für welchen Buchungskreis, welche Hausbank und welche Konto-ID der Kontoauszug eingelesen werden soll. Handelt es sich dabei um einen

Auszug im Format SWIFT MT942, markieren Sie zusätzlich das Feld KONTOSTANDAUSZUG. So wird der Auszug beim Einlesevorgang nur interpretiert und nicht gebucht.

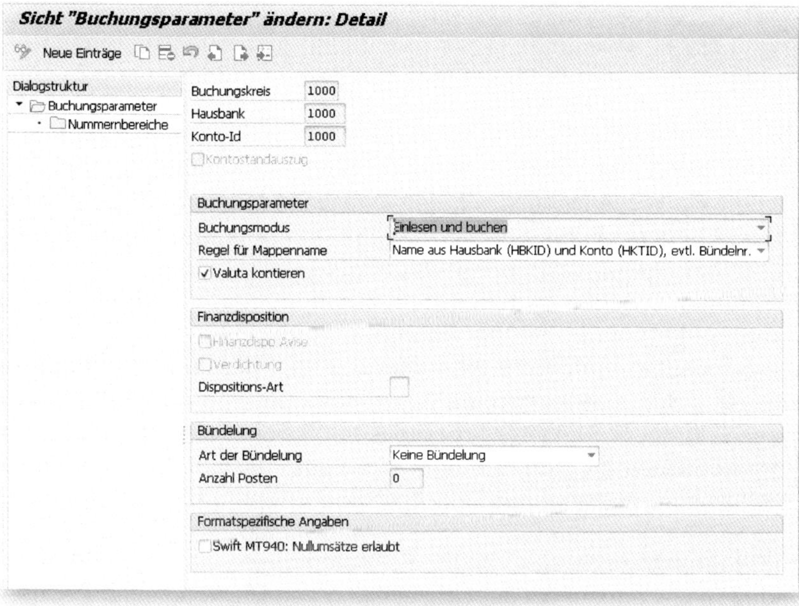

Abbildung 3.8: Sicht der Buchungsparameter eines Kontoauszuges

Der Buchungsmodus steuert den Umfang der Verbuchung. Sie können dabei wählen zwischen: Kontoauszug

- nur einlesen,
- einlesen und buchen,
- einlesen und Bankbuchhaltung buchen,
- einlesen und Batch-Input erzeugen.

Falls Sie die Auszüge für die Batch-Input-Verarbeitung erstellen, können Sie im nächsten Feld eine Regel für die Bildung der Mappen-Namen festlegen. Neben den Buchungsparametern finden Sie außerdem optionale Angaben für die Finanzdisposition sowie für eine mögliche Bündelung der Posten in einem Kontoauszug.

Finanzdispo-Avise aus dem Kontoauszug

Das Zeitfenster für die Finanzdisposition ist relativ knapp bemessen. Reicht die Zeit nicht aus, um alle Belege in diesem Zeitraum abzuarbeiten, empfiehlt sich das Erstellen von Avisen.

Die Funktionalitäten der Finanzdisposition (Finanzdispo-Avis und Verdichtung der Belege) in den Buchungsparametern stehen Ihnen nur in Verbindung mit der Verarbeitung der Kontoauszüge über Batch-Input-Mappen zur Verfügung. Für Belege, die Sie direkt einlesen und buchen, ist diese Funktion obsolet.

Die Bündelung ermöglicht die Aufteilung nach Posten oder Sachbearbeiter sowie eine einfachere Nachbearbeitung fehlerhafter Belege durch Zuordnung kleinerer Arbeitspakete. Reichen die vorgegebenen Bündeloptionen im SAP-Standard nicht aus, besteht die Möglichkeit der Erweiterung über einen User-Exit.

Im Gegensatz zu den ISO 20022-Formaten bieten die SWIFT MT940- und MT942-Formate für die Übermittlung von Verwendungszweckteilen nur begrenzte Kapazitäten. Reicht der Platz nicht aus, können die Banken den Verwendungszweck aufteilen. Dazu wird das Feld :61 mit einem Wert von 0,00 übermittelt. Durch das Markieren der formatspezifischen Angaben (Nullumsätze erlaubt) werden die Informationen aus dem Verwendungszweckfeld :86 dem vorherigen Feld angehängt und interpretiert.

Abschließend legen Sie, wie in Abbildung 3.9 dargestellt, die Nummernintervalle (Referenzbelegnummer oder Belegnummer) fest, in denen bei der Interpretation des Kontoauszugs nach Ausgleichsinformationen gesucht werden soll.

Mit der Nachbearbeitungstransaktion FEB_BSPROC existiert eine zusätzliche Funktionalität, mit deren Hilfe Sie fehlerhafte oder beim Einlesen nicht gefundene Kontoauszugsbelege nachträglich untersuchen können. Für diese erweiterte Prüfung werden ebenfalls die Intervalle (Beleg- oder Referenzbelegnummer aus den Buchungsparametern) der Customizing-Aktivität verwendet.

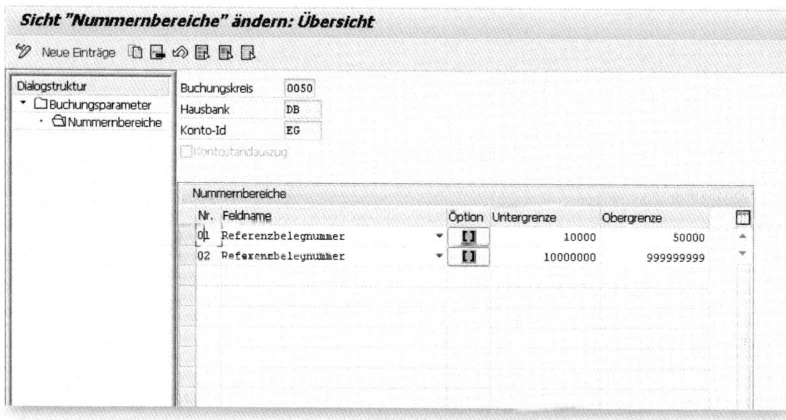

Abbildung 3.9: Ausgleichsinformationen für die automatische Belegfindung

Möchten Sie die Kontoauszugsinformationen noch einem weiteren SAP-System zur Verarbeitung zugänglich machen, können Sie diese zusätzlich über das Customizing-Element TRANSFERINFORMATIONEN HINTERLEGEN definieren (siehe Abbildung 3.10).

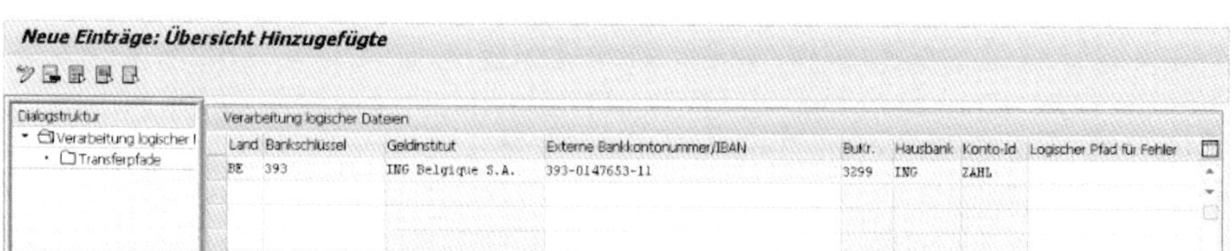

Abbildung 3.10: Transferpfade für Dateien zur weiteren Verwendung

Legen Sie dazu in einem ersten Schritt die Bankverbindung des entfernten Buchungskreises an und hinterlegen Sie, wie in Abbildung 3.11 veranschaulicht, einen Transferpfad, den Sie zuvor als logischen Pfad definiert haben.

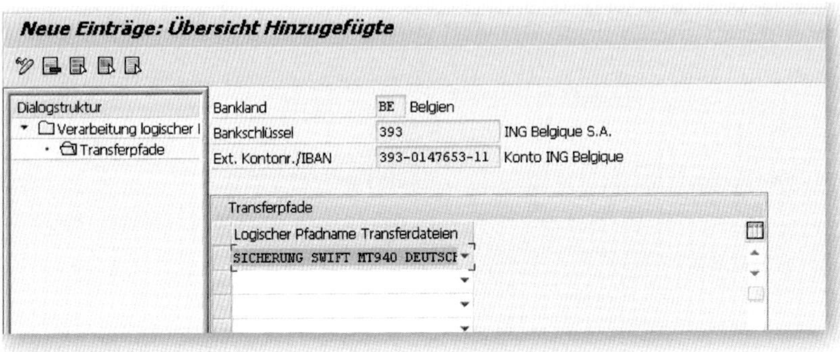

Abbildung 3.11: Kontoverbindung der Bank im entfernten Buchungskreis

Rufen Sie die Kontoauszüge zentral in einem *Shared Service Center* ab, können über diese Funktionalität Dateien schnell und einfach an weitere SAP-Systeme weitergeleitet werden.

Reichen die Standardfunktionalitäten für den automatischen Einlesevorgang nicht aus, stehen in SAP die zwei nachfolgenden BAdI zur Verfügung. Sie bieten Ihnen zusätzliche Funktionalitäten bei der Verarbeitung von Kontoauszugsdaten:

Mit der BAdI-Implementierung FEB_BSIMP_FILE legen Sie das Format zur Dateibearbeitung einer Kontoauszugsdatei fest, sofern es nicht über eines der Standardformate abgedeckt werden kann. Für den Einlesevorgang der Dateien ist es wichtig, dass diese vollständig auf das definierte Verzeichnis übertragen worden sind. Diesbezüglich können Sie über dieses BAdI einen Sperrmechanismus für die zu verarbeitenden Dateien festlegen. Dazu wird optional ein temporärer Dateiname vergeben oder die Dateigröße abgefragt, bevor der eigentliche Import der Kontoauszüge erfolgt.

Mit der Erweiterungsimplementierung FEB_BSIMP_BANK_STATEMENT wird festgelegt, wie die Kontoauszugsformate verarbeitet werden sollen. Dabei wird die Datei in einzelne Kontoauszüge aufgeteilt und verarbeitet. Das BAdI unterstützt im Standard die Formate I, S und G (SWIFT MT940 und MT942) sowie das Format A (BAI). Weitere Standardformate für die automatische Verarbeitung können über die Tabelle FEBV_IMP_FORMAT angelegt werden (siehe Abbildung 3.12).

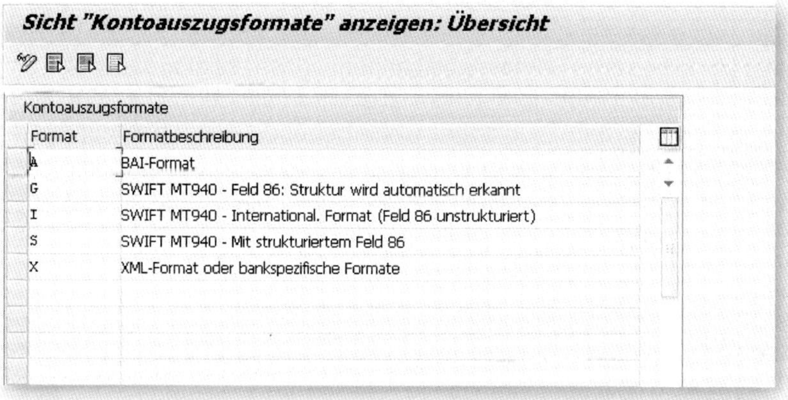

Abbildung 3.12: Kontoauszugsformate für den automatischen Einlesevorgang

Werden zusätzliche formatspezifische Parameter für das Buchen oder Einlesen der Kontoauszüge benötigt, können diese zusätzlich über die Tabelle FEBV_IMP_STRUCT mitgegeben werden.

3.2 Verarbeitung von Sammelgutschriften

Ein derzeit noch gängiges Format für die Kontoauszugsverarbeitung ist das DTAUS-Format. Bis zur finalen SEPA-Einführung wurde es überwiegend für den ausgehenden Zahlungsverkehr verwendet. Darüber hinaus ist es bis heute noch im Zusammenhang mit der Übermittlung von Sammelgutschriften im elektronischen Kontoauszug üblich.

Sammelgutschriften im Kontoauszug

Es ist oftmals nicht bekannt, dass das DTAUS-Format für Sammelgutschriften eine Alternative zum bekannten SWIFT MT940 darstellt und von den Banken in Deutschland unter der Auftragsart DTI zur Verfügung gestellt wird.

Der Vorteil von Sammelgutschriften (Umsatzinformationen im DTAUS-Format) liegt darin, dass alle Informationen zu einem Zahlungsauftrag an den Empfänger weitergegeben werden können. Bei den SWIFT MT940-Dateien ist dies nicht immer möglich, sodass im Einzelfall wertvolle Informationen zur Zahlung verloren gehen können. Somit entsteht an der Stelle ein deutlicher Vorteil bei der Verbuchung und Interpretation der Inhalte gegenüber dem SWIFT-Format.

Besonderheiten von DTAUS-Sammeldaten in SAP

Die automatische Hintergrundverarbeitung der DTAUS-Dateien wird aus Sicherheitsgründen durch ein Pop-up verhindert. Aufgrund der fehlenden Auszugsnummerierung wird somit ein mehrfaches Einlesen der Daten unterbunden.

Mit dem Hinweis 854945 ist eine automatische Verarbeitung auch für Sammelgutschriften möglich. In der Praxis sollte ein schlüssiges Konzept für die Bereitstellung und Dateiablage der DTAUS-Dateien vorliegen, um Doppelbuchungen und damit erhöhten Abstimmungsaufwand in den Haupt- und Nebenbüchern zu vermeiden.

Wie in Tabelle 3.1 dargestellt ist, ergeben sich mit diesem Format einige Anpassungen im Customizing der Kontoauszugsverarbeitung, die analog auch für die alternative Verarbeitung mit camt.054-Nachrichten gelten.

	DTAUS-Format	SWIFT MT940
Salden	Format enthält keine Start- und Schlusssalden	Format enthält Start- und Schlusssaldo
Übertragung	Übertragung 1 physische Datei und n logische Dateien	Übertragung 1 physische Datei
Nummerierungs-logik	keine logische oder durchgängige Nummerierung	fortlaufende Auszugsnummern

Tabelle 3.1: Unterschiede zwischen DTAUS- und SWIFT-Format

Die Aufteilung der Sammelgutschriften erfolgt in logischen Nachrichten, die wiederum in valutarischen Bündeln mit den SWIFT MT940-Kontoauszügen gutgeschrieben werden.

Die eigentliche Gutschrift der Sammler erfolgt somit als weitere Buchung im SWIFT MT940-Tagesauszug. Da eine Sammeldatei ohne Papierbelege geliefert wird, reduziert sich das Belegvolumen des Auszugs drastisch. Für eine gleichzeitige und korrekte Verarbeitung der SWIFT MT940-Dateien sowie der Sammelgutschriften sind demzufolge zusätzliche Einstellungen im Customizing notwendig.

Die Kontoauszugsnummer der Sammelgutschrift wird oftmals rechtsbündig mit führenden Nullen angeliefert und weicht an der Stelle von den SWIFT MT940-Kontoauszügen ab, deren Nummerierung linksbündig erfolgt. Die nachfolgende Abbildung 3.13 zeigt, dass sowohl im Hausbankenstamm (Transaktion FI12) als auch im Customizing des elektronischen Kontoauszugs ein weiteres Bankkonto benötigt wird.

DB	EG	15300700	Konto für Zahlungseingänge
DB	EGDTI	0015300700	Konto für Zahlungseingänge DTI

Abbildung 3.13: Hausbankenstamm für SWIFT- und DTAUS-Kontoauszüge

Auf diese Weise erhalten Sie für den Einlesevorgang zwei Ebenen oder Buchungsbereiche, die Sie aufeinander abstimmen müssen. Damit es nicht zu Doppelbuchungen auf den Bank- oder Bankverrechnungskonten kommt, legen Sie für die beiden Formate unterschiedliche Buchungsregeln an (siehe Abbildung 3.14), welche die Belege im Buchungsbereich 1 und 2 getrennt verbuchen.

Abbildung 3.14: Mögliche Buchungsregeln für die Verwendung von SWIFT MT940

Die Anforderung der EU-Verordnung 260/2012 Artikel 5 Absatz 12d sieht in der Frage zu den Kontoauszugsformaten vor, dass Kontoumsätze aus Zahlungstransaktionen, die gebündelt übermittelt und in einer Summe auf dem Kontoauszug gutgeschrieben werden, seit dem 01. Februar 2014 auch im Format camt.054 zur Verfügung gestellt werden müssen. Der überwiegende Teil der Banken ist inzwischen dieser Anforderung nachgekommen und stellt den Kunden beide Formate parallel zur Verfügung.

Einstellung des DTI-Formats Ende 2017

Im Rahmen des DFÜ-Abkommen (Aufnahme in Version 2.9) der Deutschen Kreditwirtschaft wurde die Einstellung des DTI-Service für November 2017 beschlossen. Ein frühzeitiger Umstieg auf das camt.054-Format ist an der Stelle empfehlenswert.

3.3 Verarbeitung von Finanzinformationen SWIFT MT942

Die Betrachtung der Salden und Buchungspositionen eines Kontoauszugs ist vergangenheitsbezogen. Insbesondere wenn Entscheidungen im Unternehmen zu treffen sind, die auf Echtzeitinformationen aufbauen, reicht diese Sicht aber nicht aus. So benötigt beispielsweise das Cash-Management aktuelle Daten, um die Planposten im Tagesfinanzstatus zu ergänzen; genauso wie das Debitorenmanagement, um vertriebsnahe Entscheidungen treffen zu können.

Den technischen Lösungsansatz für diese Anforderungen im Unternehmen bietet der Nachrichtentyp SWIFT MT942. Bei diesem Format handelt es sich um sogenannte kurzfristige Vormerkposten oder Finanzinformationen. Darüber werden dem Empfänger mehrmals täglich Kontoinformationen zugänglich gemacht, die tagesgenau Informationen zu Ein- und Ausgängen auf dem Kontokorrentkonto enthalten.

Da es sich dabei um ein standardisiertes Format handelt, wird es üblicherweise von einem Großteil der Banken im In- und Ausland angeboten. Der Abruf oder die Bereitstellung der Daten kann mit der Hausbank individuell abgestimmt werden. So können die Abholaufträge periodisch erfolgen oder nur Beträge übermittelt werden, die eine bestimmte, zuvor festgelegte Umsatzgröße übersteigen.

Im Gegensatz zu den SWIFT MT940-Kontoauszügen sind die Kontoinformationen allerdings nicht verbindlich. Abweichungen gegenüber den rechtlich verbindlichen Kontoauszügen sind jederzeit möglich. Der Anteil der Belege, der in diesem Zusammenhang aus dem SWIFT MT942-Kontoauszug nicht zu einer verbindlichen Buchung auf dem Kontokorrentkonto führt, ist in der Praxis allerdings sehr gering.

Da die Kontoinformationen keinen rechtsverbindlichen Charakter besitzen, erfolgt in SAP zum Zeitpunkt des Einlesevorgangs lediglich eine Interpretation und keine Verbuchung der Daten. Dabei durchläuft der SWIFT MT942 dieselben Standards und Interpretationen, wie beispielsweise die Suchmuster und der User-Exit in der SWIFT MT940-Kontoauszugsverarbeitung.

Für formatspezifische Besonderheiten ist die Erweiterung FEB00004 ein sinnvolles und zugleich effektives Werkzeug. Die Aufteilung von Kontoauszügen, sodass nur ausgewählte Auszüge verarbeitet oder Auszugs- und Blattnummer eines SWIFT MT942 modifiziert werden, erfolgt mit dem Include ZXF01U06 (siehe Abbildung 3.15).

```
    IF <raw>-line(3) = ':28' AND l_valid = 'X'.
      IF <raw>-line+3(1) = 'C'.
        IF <raw>-line+5(2) = '0/'.
          SHIFT <raw>-line+5 RIGHT BY l_length PLACES IN CHARACTER MODE.
          ADD 1 TO l_length.
          <raw>-line+5(l_length) = l_aznum(l_length).
        ENDIF.
      ELSE.
        IF <raw>-line+4(2) = '0/'.
          SHIFT <raw>-line+4 RIGHT BY l_length PLACES IN CHARACTER MODE.
          ADD 1 TO l_length.
        ENDIF.
      ENDIF.
      CLEAR l_valid.
    ENDIF.

  ENDLOOP.
```

Abbildung 3.15: Erweiterungsmöglichkeit mit dem Include ZXF01U06

Feldbelegung des SWIFT MT942

Die Inhalte oder Feldbelegung einer SWIFT MT942 weichen im Regelfall nur minimal vom Standardformat SWIFT MT 940 ab. Im Einzelfall werden in den avisierten Kontoauszügen Nummerierung und Blattanzahl des Kontoauszugs von den Banken unterschiedlich gefüllt sowie interpretiert.

Um den Einlesevorgang der Auszüge trotz der Abweichungen zu gewährleisten, werden die Fortschreibung der Auszugsnummer sowie die Anzahl der Kontoblätter über den Include ZXF01U06 realisiert.

Neben der Erweiterung FEB00004 stehen Ihnen ab SAP-Release 4.7 Support Package 25 zwei zusätzliche Customizing-Elemente zur Verfügung, mit deren Hilfe weitere Funktionalitäten bei der Verarbeitung nutzbar sind. Über den SAP-Implementierungsleitfaden Finanzwesen • Bankbuchhaltung • Geschäftsvorfälle • Zahlungsverkehr • Elektronischer Kontoauszug • Grundeinstellungen für den elektronischen Kontoauszug vornehmen finden Sie in der Sicht Bankkonten zu Vorgangstypen zuordnen (siehe Abbildung 3.16) die Einstellungsmöglichkeiten

- Mahnsperre,
- Tage.

Bei der Interpretation der SWIFT MT942-Dateien wird geprüft, ob in diesen Customizing-Elementen ein Wert hinterlegt ist. Wird dabei ein Beleg im Debitorenkonto gefunden, kann dieser optional mit einer Mahnsperre hinterlegt werden. Das Feld Tage bestimmt, wie lange das Mahnsperrkennzeichen in dem identifizierten Beleg verbleibt. Bereits bestehende Mahnsperrkennzeichen werden in diesem Prozess nicht überschrieben.

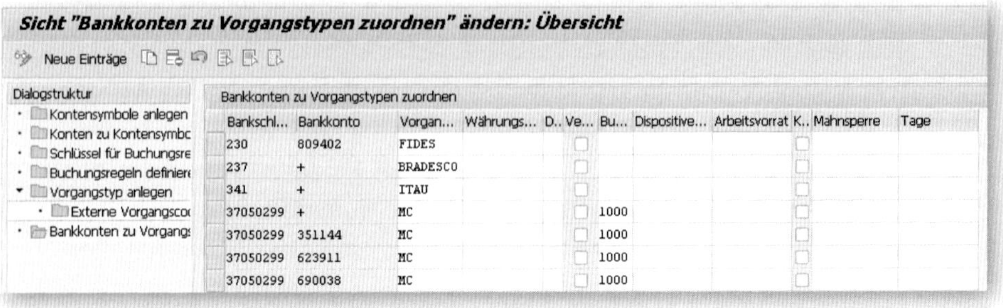

Abbildung 3.16: Mahnsperre und Anzahl der Tage der Mahnsperren

Daraus resultieren eine Reduzierung des Mahnaufkommens und somit gleichzeitig eine Steigerung der Kundenzufriedenheit. Allerdings müssen dazu auch die identifizierten Belege für den im Customizing-Abschnitt definierten Zeitraum vom Mahnprozess ausgeschlossen sein. Erfolgt nach diesem Zeitraum kein Zahlungseingang der avisierten Position (SWIFT MT940 oder bankspezifischer Kontoauszug), erlischt mit Einlesen des Kontoauszugs die Mahnsperre automatisch am Folgetag (D+1 oder D+n). Alternativ kann für den Löschvorgang der Report RFEBKA20 periodisch eingeplant werden.

Neben den Funktionalitäten im Nebenbuch ist eine vollständige Integration der Daten als weitere Finanzdispositionsebene im Tagesfinanzstatus möglich.

Der Einlesevorgang der Vormerkposten ist nur über das Format SWIFT MT940 mit strukturiertem Feld :86 möglich. Wie in Abbildung 3.17 zu sehen ist, müssen im Report RFEBKA00 für den Einlesevorgang der Buchungsparameter NICHT BUCHEN sowie das Feld KONTOSTAND markiert werden.

Für die Anzeige der Auszüge können Sie die Transaktion FEBA_ACCOUNT_BALANCE oder alternativ, wie in Abbildung 3.18 dargestellt, den Report RFEBKAP0 verwenden.

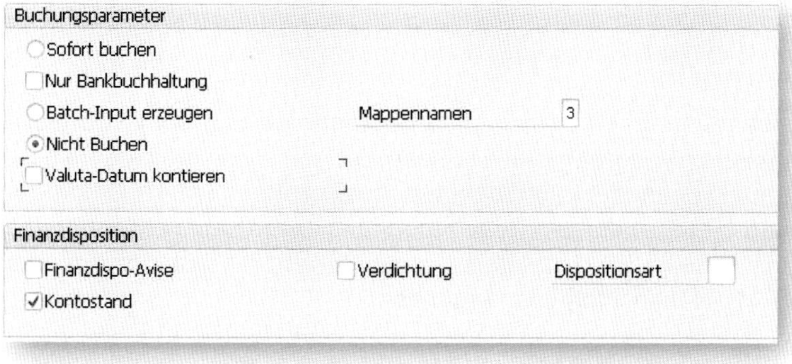

Abbildung 3.17: Buchungsparameter für die SWIFT MT942-Kontoinformationen

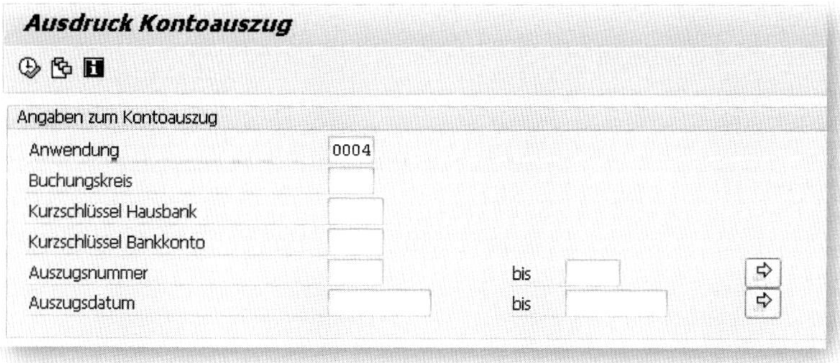

Abbildung 3.18: Anwendung 0004 für die Anzeige von SWIFT MT942-Auszügen

Beachten Sie dabei, dass die Kontoauszüge nur über die Anwendung 0004 KONTOSTAND angezeigt werden können.

3.4 Verarbeitung von XML-Kontoauszügen

Seit dem Inkrafttreten der EU-Verordnung 260/2012 (SEPA) am 01. Februar 2014 wurde der Großteil des paneuropäischen wie auch des globalen Zahlungsverkehrs (Überweisungen und Lastschriften) auf XML-Formate umgestellt. Das letzte noch fehlende Element in dieser Format-Kette ist die Verarbeitung der elektronischen Kontoauszüge.

In den kommenden Jahren dürften sich bei Firmenkunden Nachrichten im ISO 20022-Standard mehr und mehr durchsetzen. Da die SWIFT MT-Formate aufgrund ihrer Struktur nicht alle Informationen der absendenden XML-Nachrichten aufnehmen und somit wertvolle Informationen verloren gehen können, ist von einer größeren Nachfrage auf Seiten der Unternehmen auszugehen. Der ISO 20022-Standard bietet in diesem Zusammenhang camt-Nachrichten an, die – wie in Tabelle 3.2 dargestellt – optional und bis auf Weiteres die SWIFT MT-Nachrichtentypen ergänzen.

Nachrichtentyp	SWIFT MT-Nachricht	ISO 20022-Nachricht
Saldenreport Untertägiger Umsatz (Vormerkposten)	MT 941 MT 942	camt.052
Tagesauszug Interbankenauszug	MT 940 MT 950	camt.053
Sammelgutschrift	DTI (DTAUS-Datei) Soll-Avis Haben-Avis	camt.054

Tabelle 3.2: Vergleich SWIFT MT-Formate und camt-Nachrichtentypen

Die DK unterstützt an der Kundenschnittstelle zusätzlich den Nachrichtentyp pain.002, der im Wesentlichen keine Kontoauszugsinformationen enthält. Vielmehr gibt der Payment Status Report Aufschluss darüber, ob eine Transaktion (Überweisung oder Lastschrift) von der Bank verarbeitet oder abgelehnt worden ist. Die Informationen dieses Nachrichtentyps können im SAP-Standard direkt in den Zahlungsaufträgen des SAP Bank Communication Managements dargestellt werden. Durch die strengen Annahme- und Verarbeitungsregeln auf Seiten der Bank dürfte für Firmenkunden in naher Zukunft auch die pain.002-Nachricht bei der Verarbeitung von SEPA-Nachrichten hilfreich sein. Gegenüber den herkömmlichen Protokolldateien (Auftragsart PTK) haben diese Nachrichten eine verbindliche Aussage auf der Gruppenebene.

Versand von camt-Nachrichten

Bei XML-Nachrichten handelt es sich im Regelfall um große Dateien, die an die Firmenkunden übermittelt werden. Die DK empfiehlt, im Zusammenhang mit camt-Nachrichten eine Gesamtgröße von 20 MB pro Datei nicht zu überschreiten.

Der kontoführenden Bank steht es frei, die Kontoauszüge in kleineren Einheiten zu versenden. Werden mehrere Nachrichten zu einem Auszug erstellt, muss dies im Saldo gekennzeichnet sein.

Im SAP-Standard werden ab EhP6 die gängigen ISO 20022-Nachrichtentpyen camt.053, camt.054 und pain.002 unterstützt. Im SAP Customizing Einführungsleitfaden werden dazu die folgenden Komponenten ausgeliefert:

- Mapping-Verfahren hinterlegen,
- Mapping-Format festlegen,
- BAdI Splitten und Parsen,
- BAdI Mapping der Kontoauszüge auf interne Strukturen.

Sie erreichen die neuen XML- und formatspezifischen Einstellungen für die Kontoauszugsverarbeitung im Einführungsleitfaden über FINANZWESEN • BANKBUCHHALTUNG • GESCHÄFTSVORFÄLLE • ZAHLUNGSVERKEHR • ELEKTRONISCHER KONTOAUSZUG • FORMAT XML UND BANKSPEZIFISCHE FORMATE.

Verwenden Sie Mapping-Verfahren, ordnen Sie die von der Bank erhaltenen XML-Formate den internen SAP-Strukturen (FEB*-Tabellen) zu. Die Anlieferung der camt-Formate ist derzeit, ähnlich wie bei den SEPA-Formaten, entgegen der DK-Vorgaben von Bank zu Bank unterschiedlich. Die DK liefert gegenwärtig camt.053 in der Version 053.001.02 aus, während die camt-Nachricht nach ISO 20022 im Moment die Variante 053.001.05 unterstützt. Abbildung 3.19 zeigt am Beispiel einer pain-Nachricht eine Übersicht, wie die ISO 20022-Nachrichten-Versionen aufgebaut sind.

Abbildung 3.19: Nachrichtentyperkennung unter ISO 20022

Für das Mapping bzw. die Transformation der XML-Nachrichtentypen liefert SAP im Standard zwei Transformationen aus (siehe Abbildung 3.20):

- FIEB_CAMT053_V2_TO_FEB,
- FIEB_CAMT054_V2_TO_FEB.

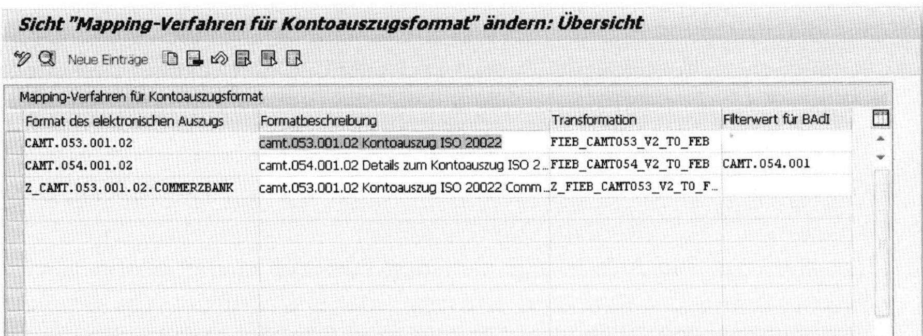

Format des elektronischen Auszugs	Formatbeschreibung	Transformation	Filterwert für BAdI
CAMT.053.001.02	camt.053.001.02 Kontoauszug ISO 20022	FIEB_CAMT053_V2_TO_FEB	
CAMT.054.001.02	camt.054.001.02 Details zum Kontoauszug ISO 2...	FIEB_CAMT054_V2_TO_FEB	CAMT.054.001
Z_CAMT.053.001.02.COMMERZBANK	camt.053.001.02 Kontoauszug ISO 20022 Comm...	Z_FIEB_CAMT053_V2_TO_F...	

Abbildung 3.20: Mapping-Verfahren für die Kontoauszugsformate

SAP nutzt an der Stelle die Programmiersprache XSL oder auch XSLT genannt. Dabei wird die XML-Datei mithilfe einer XSLT-Datei in ein neues Dokument für die weitere Verarbeitung in SAP überführt.

Für die Verarbeitung von camt.054-Nachrichten ist zusätzlich ein Filterwert für das BAdI notwendig, welcher im Anschluss an die Transformation FIEB_CAMT054_V2_TO_FEB aufgerufen wird. Über das Coding im BAdI werden die Daten aus der Sammeldatei geprüft und gegebenenfalls ergänzt.

Für die Definition einer gültigen XSLT-Transformation steht Ihnen in SAP beispielsweise der *Transformation Editor* in der ABAP Development Workbench zur Verfügung (siehe Abbildung 3.21), welcher die XML-Dokumente in die notwendige ABAP-Datenstruktur transformiert.

Darüber hinaus können Sie mithilfe dieses Werkzeugs bestehende oder eigene Transformationen auf ihre Richtigkeit hin prüfen.

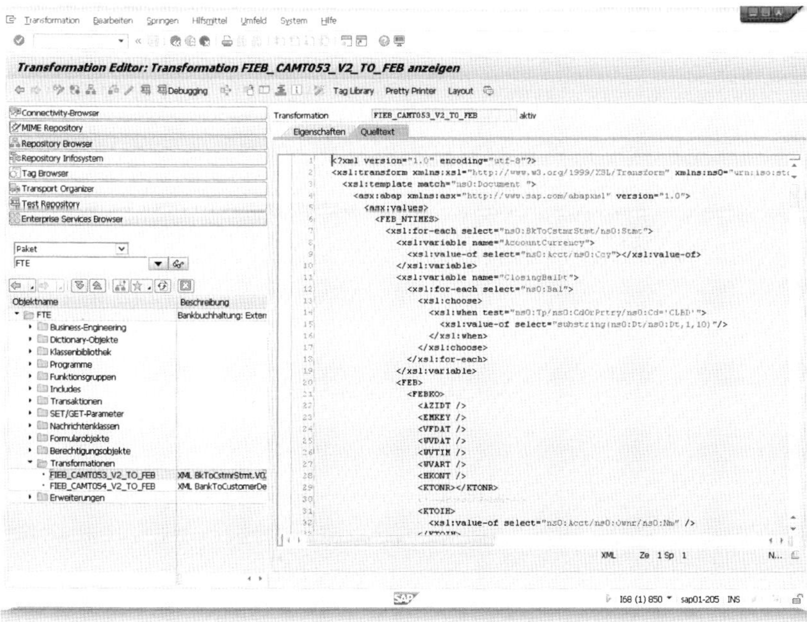

Abbildung 3.21: *Transformation Editor in der SAP Workbench*

Über den Menüpunkt Transformation • Testen kann geprüft werden, ob die in SAP hinterlegte Transformation korrekt ist. Im XSLT-Tester (siehe Abbildung 3.22) wird die importierte oder – bei abweichenden camt-Kontoauszügen – die im eigenen Namensraum erstellte Transformation gegen die Quelldatei auf ihre Richtigkeit hin geprüft. Das Ergebnis kann dabei wahlweise als

- String-Ausgabe,
- Datei-Ausgabe,
- Dokument-Ausgabe oder
- HTML-Ansicht

erfolgen. Für eine übersichtliche Anzeige des Dokuments dürfte sich in der Praxis die HTML-Ansicht anbieten.

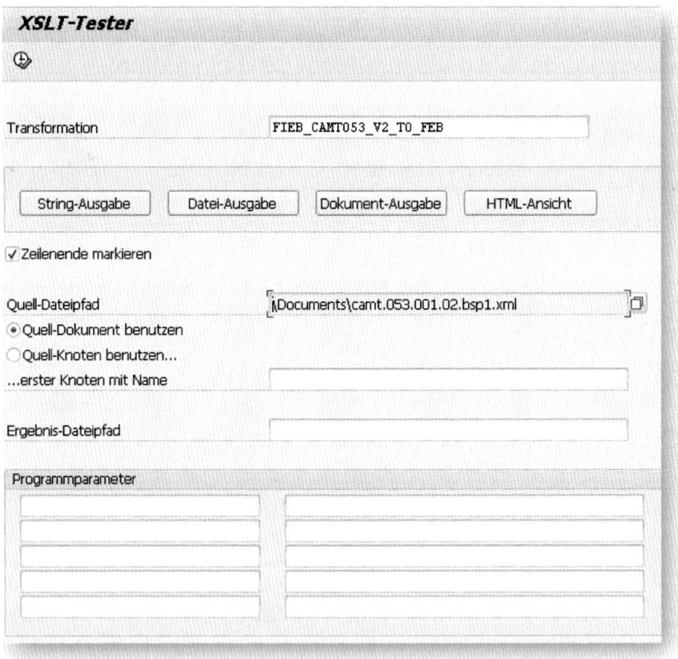

Abbildung 3.22: Kontrolle der Quelldatei im XSLT-Tester

Als Ergebnis der Prüfung wird die Zuordnung der internen FEB*-Tabellen zu den Einzelumsätzen im Kontoauszug ausgegeben (siehe Abbildung 3.23).

An dieser Stelle wird deutlich, ob die Zuordnung der Kontoauszugsinformationen aus der Original-Kontoauszugsdatei zur SAP-Struktur bzw. zu den Tabellen auch korrekt erfolgt ist und welche Tabellenfelder bei der späteren Verbuchung gefüllt werden.

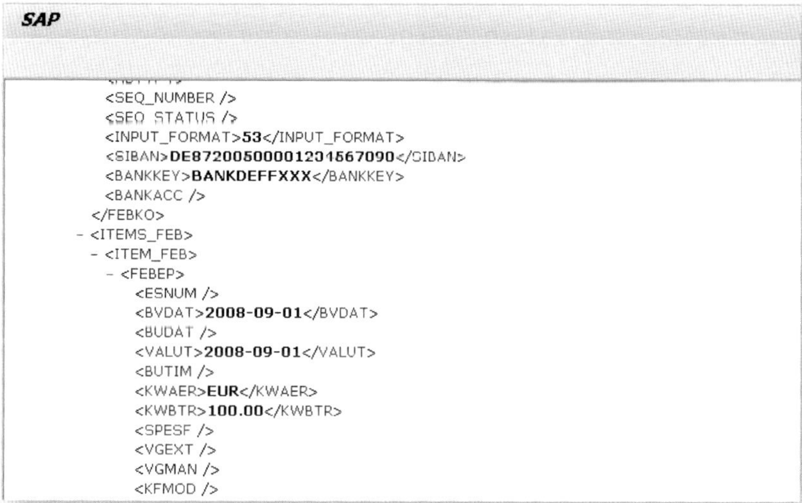

Abbildung 3.23: Ergebnis der XSLT-Prüfung einer camt-Nachricht

Für die Transformation der XML-Dokumente werden von SAP die beiden Hinweise 1729746 und 1729745 ausgeliefert. Beide Hinweise enthalten jeweils eine XSLT-Datei auf Basis der CGI-MP-Initiative, die an einigen Stellen von der DK-Version abweicht.

Die CGI-MP-Initiative

Die CGI-MP-Initiative (Common Global Implementation Market Practice) verfolgt das Ziel, auf Basis der ISO 20022-Nachrichten eine einheitliche Belegung und Interpretation elektronischer Zahlungsaufträge und Kontoinformationen zu entwickeln.

An dieser Initiative sind neben internationalen Banken und SWIFT eine Reihe von Softwareanbietern sowie einige Großkonzerne beteiligt. Neben dem CGI-Format für die camt-Formate unterstützt SAP beispielsweise auch die Überweisungsträger mit eigenen Formatbäumen (siehe auch SAP-Hinweis 1665873). Die Akzeptanz der CGI-Formate hat in den vergangenen Jahren deutlich zugenommen, und dürfte sich als weiterer Standard im Zahlungsverkehr etablieren.

Neben dem Mapping-Verfahren können in SAP überdies Mapping-Formate hinterlegt werden, mit deren Hilfe Sie den Kontoauszug auch in einem anderen als dem im Original empfangenen Format einlesen können. Somit lassen sich beispielsweise landesspezifische Formate einfach und schnell auf die jeweiligen XML-Strukturen transferieren.

Voraussetzung für diese Funktionalität ist, dass für die Zuordnung des bankenspezifischen Mapping-Formats ein entsprechendes Mapping-Verfahren hinterlegt worden ist (siehe Abbildung 3.24).

Abbildung 3.24: Mapping-Format des Kontoauszugs

Mit dieser Funktion wird das Mapping von Kontoauszugsinformation erweitert, die nicht über die Standardformate unterstützt werden. Über die Data Medium Exchange Engine (DMEE) besteht zudem die Möglichkeit, mittels des Baumtypen MCSH einen Formatbaum anzulegen, welcher ein Mapping von eingehenden Dateien in das Multicash-Format erlaubt. Diese können anschließend über den Report DMEECONVERT weiterverarbeitet werden. Die Möglichkeiten des Mappings (XSLT) dürften aber gegenüber der DMEE die flexiblere Alternative sein.

Für die weitere flexible Verarbeitung von XML-Kontoauszugsdaten oder bankspezifischen Formaten stellt SAP zusätzlich zwei BAdI-Implementierungen bereit. Mit den BAdI-Methoden SPLIT und PARSE können in der Erweiterungsimplementierung FIEB_GET_BANK_STMTS_X die BAdI-Implementierungen

- FIEB_GET_BANK_STMTS_CAMT053001,
- FIEB_GET_BANK_STMTS_PAIN002001 sowie
- FIEB_GET_BANK_STMTS_CAMT054001

durchlaufen werden. Die Definition, wie ein physischer Kontoauszug in mehrere logische Kontoauszüge gesplittet werden soll, findet mithilfe der Methode SPLIT statt. Über die Methode PARSE werden aus den logischen Kontoauszügen die Detailinformationen ermittelt, die später die Informationen für das Mapping-Format benötigen.

Neben der XSLT-Transformation eines XML-Dokumentes steht Ihnen alternativ mit der Erweiterungsimplementierung FIEB_MAPPING_X ein BAdI zur Verfügung, mit dem ein Mapping auf die internen Strukturen möglich ist. Der Aufruf des BAdI erfolgt, sobald ein Eintrag im Mapping-Verfahren oder ein Filterwert hinterlegt ist.

Der Kontoauszugssammler camt.054 verwendet im Standard die BAdI-Implementierung FIEB_MAPPING_CAMT054001. Das BAdI wird im Anschluss an die vorangegangene XSLT-Transformation FIEB_CAMT054_V2_TO_FEB aufgerufen. Da es sich beim camt.054 um eine Sammelgutschrift zum Kontoauszug handelt, werden hier optionale Prüfungen und Ergänzungen vorgenommen:

- Kontrolle, ob alle Positionen der Datei den Status verbucht haben;
- Vergabe einer Kontoauszugsnummer, falls diese in der Sammeldatei fehlen sollte;
- Ermittlung der Hausbank über Bankleitzahl und Kontonummer, wenn keine IBAN in der Datei mitgegeben wird.

Für den Einlesevorgang der Kontoauszugsdaten im Report RFEBKA00 können Sie zusätzlich XML- oder bankspezifische Formate nutzen (siehe Abbildung 3.25), die Sie über den manuellen Import oder über den automatischen Einlese- und Verarbeitungsprozess verwenden können.

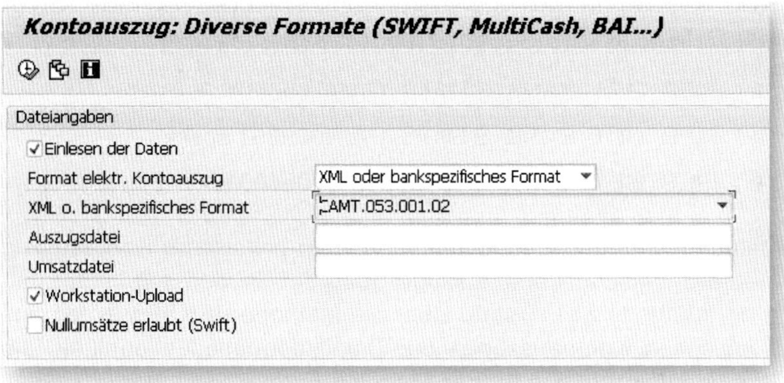

Abbildung 3.25: XML- oder bankspezifische Formate im Report RFEBKA00

3.5 Rücklastschriften im elektronischen Kontoauszug

In vielen Unternehmen ist der Lastschrifteinzug ein geläufiges Zahlungsverkehrsinstrument, um offene Forderungen von den Kunden einzuziehen. Durch einen möglichen Widerspruch oder bei mangelnder Deckung führt die Bank des Bezogenen die Lastschrift nicht aus. Somit sind auch unter SEPA Nichteinlösungen von Lastschriften möglich, was zu Rücklastschriften oder Rückläufern führt. Wie auch im

DTA-Altverfahren wird das Kontokorrentkonto mit dem beim Kunden eingezogenen Betrag inklusive Gebühren belastet.

Mit Einführung der SEPA wurden die bisherigen Bedingungen zum Lastschrifteinzug in der Inkassovereinbarung um einige Punkte erweitert. So konnte beispielsweise eine Rücklastschrift im DTA-Verfahren noch ohne Berücksichtigung technischer oder vertraglicher Vorgaben bei der Hausbank erneut zum Inkasso eingereicht werden. Unter SEPA ist dies an der Stelle nicht mehr möglich. So wurde beispielsweise vereinbart, dass bereits zurückbelastete Lastschriften nicht mehr erneut zum Einzug gebracht werden dürfen.

Darüber hinaus sind die technischen Prozesse (Verarbeitungen) von Rücklastschriften deutlich umfangreicher als beim alten DTA-Verfahren. Neben den Verrechnungszeitpunkten müssen auch die Sequenzen (Periodizität) einer Lastschrift gekennzeichnet werden.

Optional können die Rückläufer an die betroffenen Mandate in der Mandatsverwaltung zurückgemeldet werden, damit diese bei einem erneuten Einzug mit der richtigen Sequenz oder den korrekten Stammdaten (beispielsweise bei einer fehlerhaften IBAN) keine nochmalige Rücklastschrift auslösen.

Schauen wir uns die Anforderungen an eine Verarbeitung von Rücklastschriften im Detail an, so dürfte der Fokus im Regelfall auf:

- dem Erstellen der ursprünglichen Forderung,
- dem Verbuchen von eigenen und fremden Gebühren,
- dem Setzen von Mahn- und Zahlsperren,
- der Korrektur des Skontobetrags sowie der
- Korrektur des Mandatsstaus

liegen. Für die SEPA-konforme Verarbeitung von Rücklastschriften wurde die Dialogstruktur der Rückläuferverarbeitung im SAP-Standard erweitert. Mit dem Hinweis 1873396 wurde die automatische Rückführung der SEPA Reason Codes bzw. der Textschlüsselergänzungen in der Mandatsverwaltung erweitert.

Grundeinstellungen der Rückläuferverarbeitung

Legen wir zunächst die Grundeinstellungen für die Verarbeitung von Rücklastschriften fest. Rufen Sie dazu den SAP Einführungsleitfaden über die Transaktion SPRO auf. Wechseln Sie hier über FINANZWESEN • BANKBUCHHALTUNG • GESCHÄFTSVORFÄLLE • ZAHLUNGSVERKEHR • ELEKTRONISCHER KONTOAUSZUG • RÜCKLÄUFERVERARBEITUNG EINRICHTEN (siehe Abbildung 3.26).

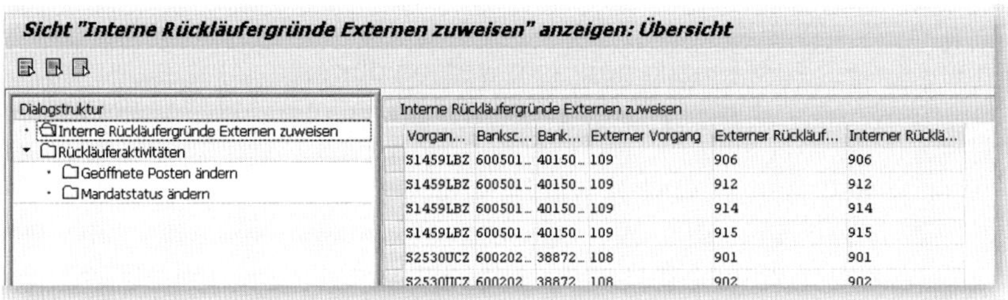

Abbildung 3.26: Rückläuferaktivitäten für die Verbuchung der Kontoauszüge

Ordnen Sie nun dem Vorgangstyp aus der Kontoauszugsverarbeitung einen Bankschlüssel und ein Bankkonto zu. In einem nächsten Schritt ordnen Sie den externen Vorgangstyp (GVC) sowie den externen Rückläufergrund (oder SEPA Reason Code) einem frei definierbaren internen Rückgabegrund zu.

Bei dem SEPA Reason Code handelt es sich um einen vierstelligen ISO-Code, der die Rückgabe der Lastschrift in den camt.05x-Kontoauszügen detailliert beschreibt und weitere Informationen für den weiteren Prozess der Rückläuferverarbeitung gibt. Analog dazu werden die externen Rückläufergründe in Form einer dreistelligen Textschlüsselergänzung im »Mehrzweckfeld :086« der SWIFT MT940-Datei übermittelt. Der dreistellige Schlüssel mit den Rückgabegründen wird dazu im »Subfeld ?34« bereitgestellt (siehe Abbildung 3.27).

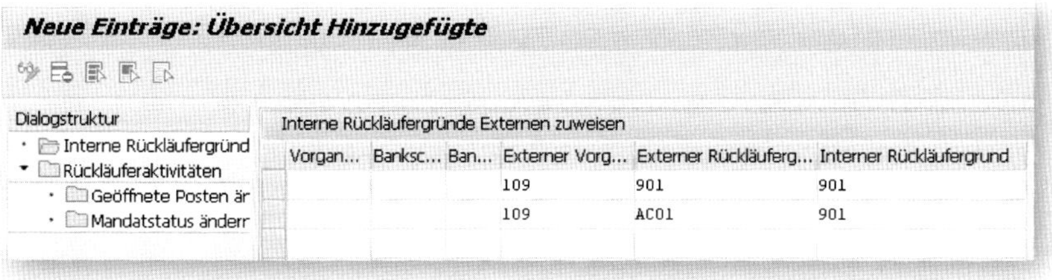

Abbildung 3.27: Zuweisung SEPA Reason Code zum externen Vorgang

Übersicht externen Rückläufergründen

Eine Übersicht der SEPA Reason Codes sowie der Textschlüsselergänzungen erhalten Sie in der Anlage 3 des DFÜ-Abkommens unter www.ebics.de.

Beachten Sie dabei bitte, dass für das Feld INTERNER RÜCKLÄUFERGRUND weiterhin nur drei Zeichen vorgesehen sind und somit eine Umschlüsselung des SEPA Reason Codes vorgenommen werden muss.

Im nächsten Schritt weisen Sie dem zuvor definierten internen Rückläufergrund die RÜCKLÄUFERAKTIVITÄTEN zu. Ordnen Sie dazu die passende

- Rückläufer-Buchungsregel sowie
- Gebühren-Buchungsregel

zu und markieren Sie optional das Feld RÜCKNAHME DES AUSGLEICHS, wenn Sie den Ausgleich der Forderung zurücknehmen möchten (siehe Abbildung 3.28).

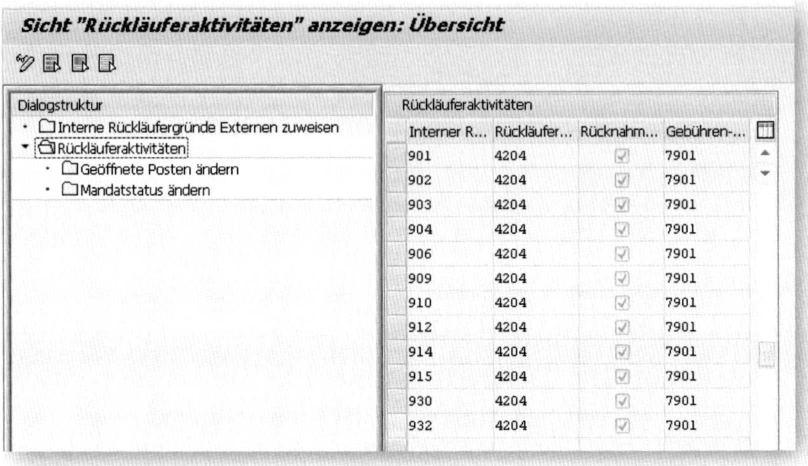

Abbildung 3.28: Rückläuferaktivitäten für die Verbuchung

Buchungsregeln für die Rücknahme des Ausgleichs

Bei der Auswahl der geeigneten Buchungsregel empfiehlt es sich, die Verbuchung über die Buchungsbereiche 1 (Hauptbuch) und 2 (Nebenbuch) zu steuern. Über die Buchung im Hauptbuch wird dabei die Belastung des Bankkontos im Hauptbuch gesteuert, im Nebenbuch erfolgt über die Buchungsart 7 der Ausgleich des Personenkontos im Soll.

Markieren Sie nun die Zeile mit dem internen Rückläufergrund und wählen Sie optional die Aktivität GEÖFFNETE POSTEN ÄNDERN aus. Wie in Abbildung 3.29 dargestellt ist, können Sie an der Stelle:

- den Buchungskreis festlegen,
- eine Mahnsperre für den offenen Posten hinterlegen,
- dem Posten eine Zahlsperre zuweisen,
- den Zahlweg des offenen Postens ändern,
- den Zahlweg des offenen Postens löschen.

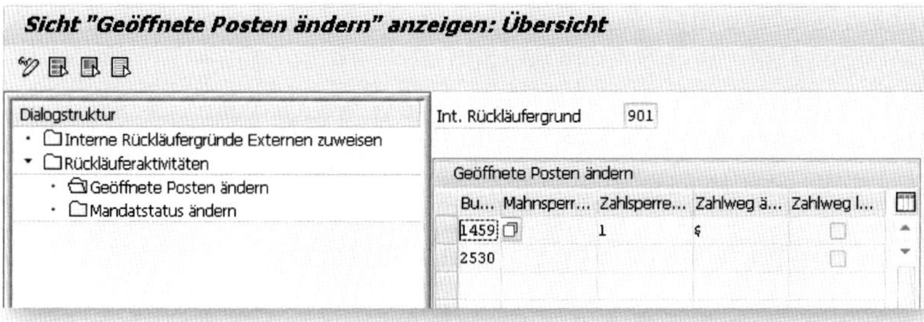

Abbildung 3.29: Geöffnete Posten der Rücklastschrift ändern

Möchten Sie den Mandatsstatus aufgrund einer Rücklastschrift ändern, wechseln Sie in der Dialogstruktur auf MANDATSTATUS ÄNDERN (siehe Abbildung 3.30). Legen Sie dazu den gewünschten Arbeitsbereich fest, indem Sie zuvor den internen Rückläufergrund selektieren.

Abbildung 3.30: Änderung des Mandatsstaus

Es öffnet sich ein Teildialog mit allen für die Änderungen in der Mandatsverwaltung erforderlichen Funktionen:

- ZAHLENDER BUCHUNGSKREIS,
- REMOVE USE oder VERWENDUNG ENTFERNEN,
- STATUS,
- REASON oder GRUND,
- SPERRTAGE.

Wählen Sie nun den Buchungskreis aus, für den die Änderung am Mandatsstatus durchgeführt werden soll. Im nächsten Schritt kennzeichnen Sie, ob Sie im Feld REMOVE USE die Verwendung des Mandats aus dem letzten Zahllauf zurücksetzen möchten. Das Zurücksetzen der letzten Verwendung wird dann benötigt, wenn die Ersteinreichung einer Lastschrift abgelehnt wurde und die Folgelastschrift wieder als Erstlastschrift gekennzeichnet werden muss.

Über das Feld STATUS können Sie dem Mandat einen aktuellen Bearbeitungsstatus zuweisen. So können Sie beispielsweise ein Mandat auf den Status »gesperrt« setzen, wenn eine Korrektur des Mandats notwendig ist (beispielsweise wurde im Mandat eine fehlerhafte bzw. falsche IBAN hinterlegt).

Der Reason- oder auch der Ursachencode beschreibt in diesem Zusammenhang den Grund einer Mandatsänderung. Der Code ist frei definierbar und kann beispielweise aus den Rückgabegründen der SEPA- oder DK-Regelwerken entnommen werden (siehe Abbildung 3.31)

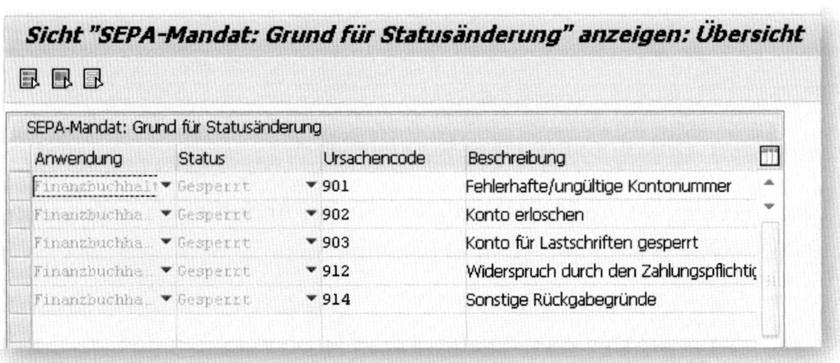

Abbildung 3.31: Gründe für Statusänderungen eines Mandats

Sperrgründe für Lastschriftrückläufer

Über die Transaktion SEPA_RC_CUST können für die Rückläufergründe automatische Sperrgründe festgelegt werden. Mit der Transaktion SEPA_STATUS_CUST können darüber hinaus Regeln für *manuelle Statusänderungen* definiert werden. Die Regeln der manuellen Statusänderungen übersteuern dabei die *automatischen Statusänderungen* aus der Rückläuferverarbeitung.

Über das Feld Sperrtage legen Sie abschließend fest, wie lange das Mandat nicht verwendet werden darf. Die Berechnung der Sperrtage richtet sich dabei auf das Gültig-ab- und Gültig-bis-Datum des Mandats.

Ist das Mandat unbegrenzt gültig, beginnt die Berechnung der Sperrfrist ab dem Buchungsdatum der Rücklastschrift. Besitzt das Mandat ein konkretes Gültigkeitsdatum, wird berechnet, ob es auch nach der Sperrfrist noch verwendet werden kann. Liegt der Zeitpunkt nach Ablauf der Gültigkeit des Mandats, kann es für einen weiteren oder erneuten Einzug nicht mehr genutzt werden.

Erweiterungen zur Rückläuferverarbeitung

Im SAP-Standard wird für die Ermittlung von Rückläufergründen und deren Gebühren die Implementierung des BAdIs FIEB-RETURNS_ADDIN ausgeliefert. Dieses BAdI wird direkt nach dem Einlesen der Kontoauszugsdaten aufgerufen und prüft dabei:

- Ist der Einzelposten ein Rückläufer?
- Sind Bankgebühren im Verwendungszweck enthalten?

Dazu wird der Verwendungszweck des Einzelpostens (T_FEBRE) nach dem Rückläufergrund und den Gebühren der Bank durchsucht (siehe Abbildung 3.32).

```
Methode   IF_EX_FIEB_RETURNS_ADDIN~CHANGE_RETURN_CHARGES   aktiv

METHOD if_ex_fieb_returns_addin~change_return_charges .

* if a return reason was found by the standard this example coding will
* only search for ths charges in the references. If it was not found it
* also looks for a return reason.

  DATA: l_febre TYPE febre,
        l_ref_string TYPE string,
        l_search_pattern TYPE string,
        l_offset TYPE i,
        l_kwbtr LIKE c_return_charges-kwbtr,
        l_raw_amount TYPE string,
        l_rc TYPE fieb_ret_charges.

* Abfrage auf Buchungskreis und Hausbank
  IF i_febko-bukrs = '0050' OR
     i_febko-bukrs = '1459'.

    IF NOT c_return_charges IS INITIAL
    OR i_febep-texts = '901'
    OR i_febep-texts = '902'
    OR i_febep-texts = '903'
    OR i_febep-texts = '912'
    OR i_febep-texts = '914'
    OR i_febep-texts = 'NRTI'.

* first, set the external return reason

      IF c_return_charges-rrext IS INITIAL.
        c_return_charges-rrext = i_febep-texts.
      ENDIF.
      c_return_charges-kukey = i_febep-kukey.
      c_return_charges-esnum = i_febep-esnum.

* you can decide if you want to change or delete this charges-entry
* for example: if the standard has found a return reason but not
* the charges amount.
* search it in the references and fill it then:

      IF c_return_charges-kwbtr IS INITIAL.
        LOOP AT t_febre INTO l_febre.
          CONCATENATE l_ref_string l_febre INTO l_ref_string.
        ENDLOOP.
```

Abbildung 3.32: Erweiterung zur Ermittlung von Gebühren aus Rücklastschriften

Das BAdI wird im SAP-Standard bereits mit einem Beispiel-Coding ausgeliefert, das Sie individuell für die Interpretation der Kontoauszüge (Textschlüssel oder SEPA Reason Codes) anpassen können.

Rückläufergebühren in camt.05x-Kontoauszügen

Die Bankgebühren werden in XML-Kontoauszügen in gesonderten XML-Tags übermittelt. Über die XSLT-Transformation können die Rückläufergründe (FEBEP-KKREF) sowie die Gebühren (FEBEP-SPESK) direkt den Tabellenfeldern (FEBEP) zugewiesen werden.

Für darüber hinausgehende Anforderungen an die Verbuchung, wie beispielsweise das Erstellen der ursprünglichen Fordorung und die Korrektur des Skontobetrags, reicht dieses Standard-BAdI allerdings nicht aus. Derartige Anforderungen verlangen die Implementierung eines weiteren BAdIs (siehe Abbildung 3.33).

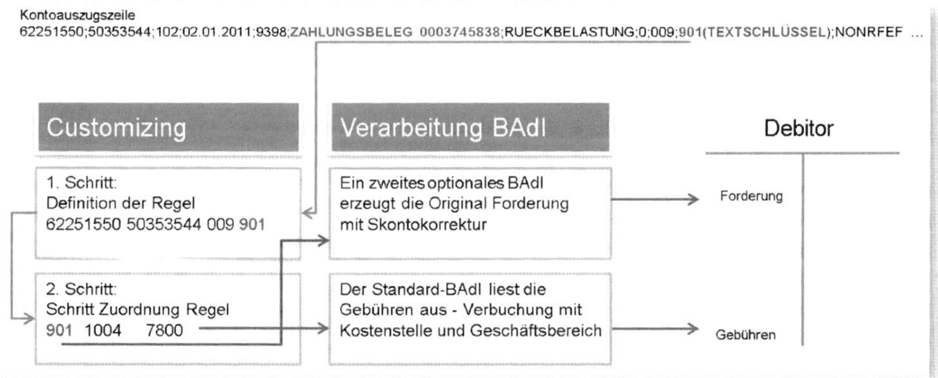

Abbildung 3.33: Übersicht möglicher Implementierungen in der Rückläuferverarbeitung

Verwenden Sie hierzu die Methode CHANGE_POSTING_DATA. Mit dieser Methode stehen Ihnen die notwendigen Parameter zum Befüllen der gewünschten Felder des Debitorenbelegs zur Verfügung.

Erweitern Sie darüber hinaus für die automatische Verbuchung der Kontoauszüge die Selektionsintervalle (BELNR) im Report RFEB-

KA00 und ordnen Sie den Interpretationsalgorithmus 060 Belegnummernsuche der Buchungsregel für die automatische Belegfindung zu.

Rückläufer im Kontoauszug FEB_BSPROC

Für die weitere Nachbearbeitung von Rücklastschriften, und dem damit verbundenen Status in der Mandatsverwaltung, muss oftmals der Rückgabegrund einer Lastschrift verwendet werden. Da dieser nicht immer aus dem Verwendungszweck im Kontoauszug abgeleitet werden kann, werden für die Recherche der SEPA Reason Code oder die Textschlüsselergänzung benötigt.

Beim Einlesevorgang des elektronischen Kontoauszugs werden diese Informationen in der Tabelle FEBEP im Feld KKREF (Kunde-Kunde-Referenz) gespeichert. Für deren Anzeige und Nachbearbeitung im elektronischen Kontoauszug muss das Feld KKREF aufgeblendet werden.

Die Nachbearbeitungstransaktion FEBAN unterstützt dieses Feld im Standard allerdings nicht. Weder in der Baum- noch in der GRID-Darstellung ist ein passender Spaltenvorrat dazu vorgesehen.

In der Nachbearbeitungstransaktion FEB_BSPROC steht Ihnen der für die Anzeige notwendige Spaltenvorrat zu Verfügung.

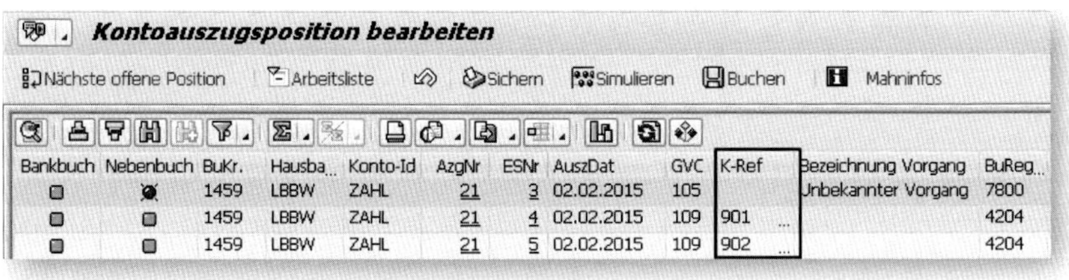

Abbildung 3.34: Darstellung der Rückgabegründe in der Transaktion FEB_BSPROC

Für die Anzeige des SEPA Reason Codes oder der Textschlüsselergänzung fügen Sie Ihrem aktiven Layout (siehe Abbildung 3.34) zusätzlich das Feld KUNDE-KUNDE REFERENZNUMMER (KKREF) hinzu.

3.6 Fazit

Durch die neuen technischen sowie betriebswirtschaftlichen Anforderungen im Zahlungsverkehr sind auch die Ansprüche an das SAP FI-System gewachsen. Kontoinformationen werden heute schneller und umfangreicher als noch vor ein paar Jahren von den Banken ausgeliefert. Viele Kunden haben ihre nachfolgenden Prozesse in der Finanzbuchhaltung und im Vertrieb an diese Informationen gekoppelt.

SAP hat diese Anforderungen aufgegriffen und liefert ab EhP6 die notwendigen Werkzeuge, um den Import sowie die Verarbeitung von XML- und bankspezifischen Formaten zu erlauben. Durch die Erweiterungsmöglichkeiten der BAdI können auch unterschiedliche XML-Strukturen angepasst werden, was die notwendige Flexibilität bei der Verarbeitung gewährleistet.

4 Nachbearbeitung von Kontoauszügen in SAP-Standard

Nach dem Einlesen der elektronischen Kontoauszüge in SAP erfolgen in einem nächsten Schritt die Zuordnung und Verbuchung fehlerhafter Kontoauszugspositionen. In diesem Kapitel erhalten Sie einen detaillierten Einblick in die Funktionen der Nachbearbeitung von Kontoauszügen, insbesondere in die erweiterten Möglichkeiten, die Ihnen unter dem Enhancement Package 6 (EhP6) zur Verfügung stehen.

Die im Customizing hinterlegten Regeln und Elemente für eine automatische Verbuchung von Kontoauszügen sowie optionale User-Exits und Suchmuster erzielen in den seltensten Fällen eine Verbuchungsquote, die ohne eine zusätzliche Nachbearbeitung der Kontoauszuginformationen auskommt. Für die weitere Nachverarbeitung der elektronischen Kontoauszüge stehen Ihnen im SAP-Standard zwei Möglichkeiten zur Verfügung: Sie können die Funktionalität der Batch-Input-Verarbeitung verwenden oder die fehlerhaften Belege direkt über die Transaktionen FEBAN bzw. FEBA buchen. Die bestehende Nachbearbeitungstransaktion FEBA wurde mit Einführung des SAP-Release 4.7 Enterprise um die überarbeitete Version FEBAN ergänzt. Dabei wurde der Fokus auf eine möglichst produktive und flexible Verarbeitung fehlerhafter Belege gelegt.

Welchen Weg Sie für die Nachbearbeitung wählen, entscheiden Sie zum Zeitpunkt des Einlesevorgangs im Report RFEBKA00.

Der Standardreport für die elektronische Kontoauszugs-verarbeitung bietet Ihnen die zwei bereits genannten Optionen:

- Sofort buchen (Call Transaction),
- Batch-Input-Mappen erzeugen.

Über die Funktion SOFORT BUCHEN können die Belegpositionen, die nicht automatisch gebucht und zugeordnet wurden, über die Transaktion FEBAN nachbearbeitet werden. Bei diesem Verfahren wird jede Zeile des Kontoauszugs während des Einlesevorgangs sofort interpretiert und mit einer Belegnummer im Bankdatenspeicher gesichert. Der Status eines Belegs oder einer Buchung (Haupt- und Nebenbuch) ist für den Sachbearbeiter damit sofort ersichtlich.

Information: Einordnung der Transaktion FEBAN

Die Nachbearbeitungstransaktion FEBAN ist ein Bestandteil der Business Function Financials Extension (EA-FIN), die zuvor über den SAP Customizing Einführungsleitfaden eingeschaltet werden muss. Erst nach der Aktivierung stehen Ihnen die erweiterten Funktionalitäten für die Kontoauszugsverarbeitung zur Verfügung.

Ist eine Nachbearbeitung über diese Erweiterung nicht gewünscht, besteht auch die Möglichkeit, die Vorgängertransaktion FEBA zu verwenden, deren Aufruf jedoch im Vorfeld wieder sichergestellt werden muss.

Rufen Sie dazu über die Transaktion SM31 den View V_T100C auf. Über das Icon PFLEGEN gelangen Sie in den Änderungsmodus der Tabelle – als Arbeitsgebiet wählen Sie NEW_FEBA. Sie legen die Nachricht 001, wie in Abbildung 4.1 dargestellt, an: TRANSAKTION FEBAN NICHT ERWÜNSCHT, FEBA WIRD GESTARTET.

Diese Nachricht gewährleistet, dass Sie die Nachbearbeitung der Kontoauszüge wahlweise mit der Transaktion FEBA oder FEBAN mit einem aktivierten EA-FIN-Paket bearbeiten können. Werden die Kontoauszüge nicht über die Option SOFORT BUCHEN verarbeitet, sondern erstellen Sie Batch-Input-Mappen, ist es Ihnen nicht möglich, eine der beiden Transaktionen zu nutzen.

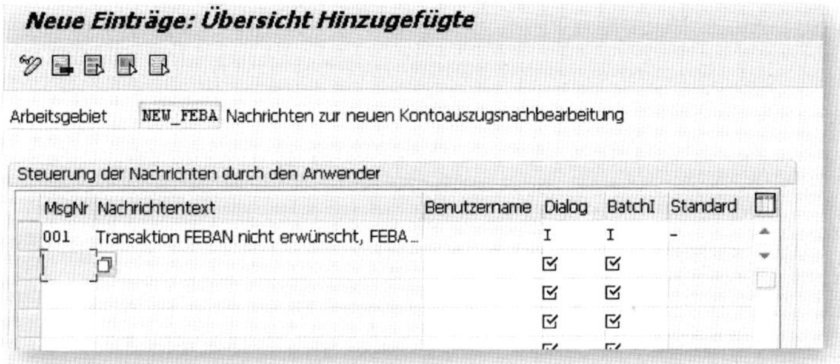

Abbildung 4.1: Nachrichtensteuerung zur Kontoauszugsnachbearbeitung

4.1 Die Nachbearbeitungstransaktion FEBAN

Im Gegensatz zur FEBA wirkt die Transaktion FEBAN aufgeräumter und bietet mehr Informationen für die Nachbearbeitung der Belege. Zahlreiche kleine Erweiterungen gewährleisten zusätzlich ein gewisses Maß an Flexibilität und ermöglichen Anpassungen an die individuellen Anforderungen der Kontoauszugsverbuchung. Die nachfolgenden Punkte sollen Ihnen beispielhaft zeigen, wie Sie die Nachbearbeitung noch weiter an Ihre Bedürfnisse anpassen können.

Für die weitere Bearbeitung der Kontoauszüge stehen dem Anwender im SAP-Standard die

- Baumanzeige,
- Grid-Anzeige (Tabellenanzeige)

zur Verfügung. Im Standard erfolgt die Selektion der Kontoauszüge zunächst grundsätzlich über die Baumanzeige. Deren Standardausfertigung ist jedoch eher spartanisch ausgestattet und liefert nur unzureichende Informationen zur selektierten Hausbank.

Ist die Baumanzeige daher an dieser Stelle nicht erwünscht, kann mit Einbau des Hinweises 1741730 die Default-Anzeige über den Benutzerparameter FEBAN_DEF_DISPLAY festgelegt werden (Baum- oder

Grid-Anzeige). Des Weiteren kann der Standardbaum über die Erweiterung 2870 des Business Transaction Events (BTE) durch einen kundeneigenen Baum ersetzt werden. Nach Einbau der Hinweise 725650 und 738353 stehen, wie in Abbildung 4.2 veranschaulicht, insgesamt drei Anzeigestufen zur Verfügung:

- 1. Stufe: eigene Hausbank (Hausbank aus FI12), Buchungskreis und Bankkennung (z. B. Bankleitzahl),
- 2. Stufe: eigenes Konto (Konto-ID aus Transaktion FI12), Kontonummer,
- 3. Stufe: Auszugsnummer, Auszugsdatum, Kurzschlüssel und Endsaldo.

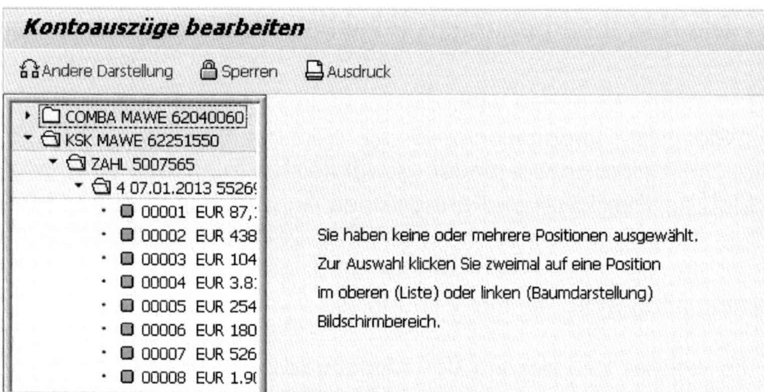

Abbildung 4.2: Kundeneigener Baum für die Nachbearbeitung unter FEBAN

Beim Einlesevorgang generiert der SAP-Standard automatisch ein Avis für Buchungen, die im Buchungsbereich 2 (Nebenbuch) nicht erfolgreich waren. Daher müssen die erstellten Avise bei der Nachbearbeitung des Belegs selektiert werden – ein zusätzlicher Zeitaufwand, der vom Benutzer meist unerwünscht ist. Mit dem Hinweis 452579 kann die Erstellung der Avise in der Transaktion FEBAN unterdrückt und der zu korrigierende Debitor oder Kreditor sofort selektiert werden. Der optionale Einbau dieses Hinweises muss im Bedarfsfall über alle Release-Stände hinweg erfolgen.

Eine weitere Möglichkeit, Kontoauszüge anzuzeigen, führt über die Grid- oder Tabellendarstellung. Die Ansicht kann dabei über das Icon Andere Darstellung gewechselt werden. Mit dieser Darstellung wird die Flexibilität bei der Nachbearbeitung weiter gesteigert. Zum einen können Sie das Layout an die eigenen Bedürfnisse anpassen, indem Sie optional weitere Felder einblenden. Zum anderen ist es über diese Sicht möglich, die Buchungsregeln bei fehlerhaften Belegen abzuändern (siehe Abbildung 4.3). Im Customizing werden die Geschäftsvorfallcodes (GVCs) normalerweise in einer Buchungsregel hinterlegt. Jedoch ist diese Zuordnung nicht immer korrekt, sodass es zu Fehlinterpretationen von Belegpositionen kommen kann.

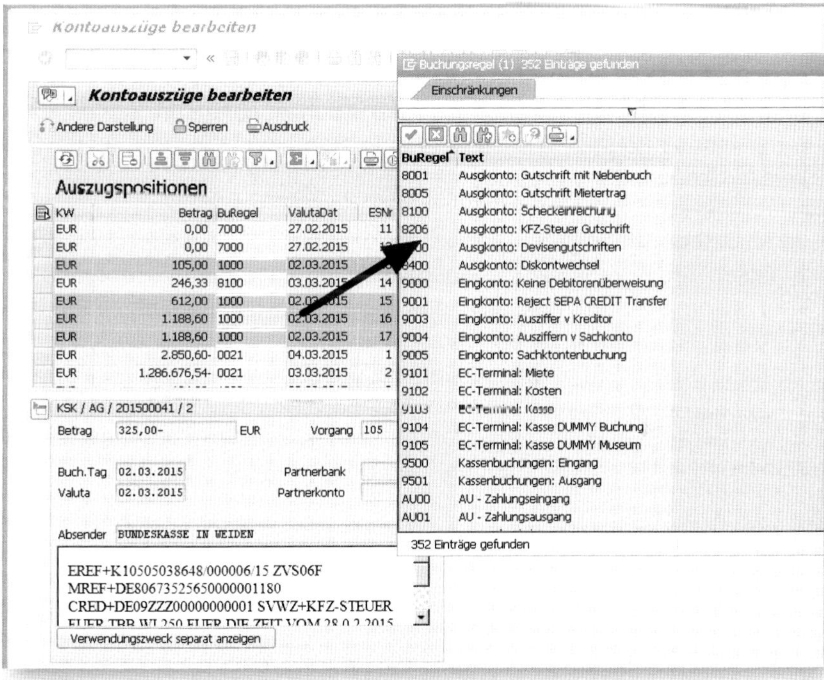

Abbildung 4.3: Wechsel der Buchungsregeln in der Grid- oder Tabellendarstellung

Möchten Sie eine fehlerhafte Position ändern, markieren Sie dazu in der Grid- oder Tabellendarstellung die Buchungsregel, die geändert werden soll, und wählen eine für den Beleg passende Regel aus. Die dahinterliegende Interpretation des Belegs kann nun durchgeführt und der Beleg mit der neuen, passenden Regel verbucht werden.

4.2 Definition von Nachbearbeitungsvorgängen in EhP6

Eine neue Funktionalität in EhP6 besteht darin, einzelne Positionen des elektronischen Kontoauszugs und vordefinierte Vorgänge mit eigener Buchungslogik zu verknüpfen und dabei den Inhalt des Belegs zu untersuchen. Dazu werden jeder Kontoauszugsposition betriebswirtschaftliche Sachverhalte wie beispielsweise Scheckzahlungen, DTA-Zahlungen, Zahlungsavise oder Geschäftspartnerzahlungen zugeordnet und diese interpretiert. Im SAP-Standard wird bereits eine Reihe an Vorgängen ausgeliefert, die sich für die spätere Nachbearbeitung verwenden, ändern oder auch ausblenden lassen. Darüber hinaus können Sie auch eigene Vorgänge anlegen, wenn Sie keinen der Standardvorgänge verwenden können.

Jede Belegposition des Auszugs wird somit automatisch oder beim Einlesen des Kontoauszugs einem Vorgang zugeordnet. Erfolgt dabei kein automatischer Ausgleich des Belegs im Nebenbuch, kann die Verbuchung optional auch durch den Wechsel auf einen anderen Vorgang untersucht und anschließend verbucht werden.

Eine Übersicht aller im SAP-Standard ausgelieferten Vorgänge (siehe Abbildung 4.4) erhalten Sie über den Pflegeview V_FEB_TATYP.

Sicht "Definition Vorgang" anzeigen: Übersicht

Definition Vorgang

Vorgang	Bezeichnung Vorgang	Interpretationsalgorithmus	Zuordnung	Akonto	Kontierung
0000	Externe Anwendung	000 Keine Interpretation	Ausblenden	Ausblenden	Ausblenden
0010	Geschäftspartnerzahlung	001 Standard-Algorithmus	Als aktive Registerkarte an…	Einblenden	Einblenden
0020	Zahlung mit Avis	033 Zahlungsavis-Suche	Als aktive Registerkarte an…	Einblenden	Einblenden
0030	Scheckrücklauf	013 Ausg.-Scheck: Schecknum…	Als aktive Registerkarte an…	Ausblenden	Einblenden
0040	Datenträgeraustausch	019 Referenznummer (DTA-Ver…	Ausblenden	Ausblenden	Einblenden
0050	Unbekannter Vorgang	000 Keine Interpretation	Einblenden	Einblenden	Als aktive Registerkarte an…
0060	Zinsen und Gebühren	000 Keine Interpretation	Ausblenden	Ausblenden	Als aktive Registerkarte an…
0070	Zahlungsauftrag	029 Zahlungsauftragsnummer	Als aktive Registerkarte an…	Ausblenden	Ausblenden

Abbildung 4.4: Standardvorgänge in SAP für die Nachbearbeitung von Kontoauszugspositionen

Im Einzelnen werden Ihnen folgende Standard-Vorgänge ausgeliefert:

- 0000 Externe Anwendung,
- 0010 Geschäftspartnerzahlung,
- 0020 Zahlung mit Avis,
- 0030 Scheckrücklauf,
- 0040 Datenträgeraustausch,
- 0050 Unbekannter Vorgang,
- 0060 Zinsen und Gebühren,
- 0070 Zahlungsauftrag.

Ein Ausblenden oder Ändern der vorgegebenen Vorgänge ist nicht über den View V_FEB_TATYP möglich. Gehen Sie dazu im SAP Customizing Einführungsleitfaden in die IMG-Aktivität VORGANG DEFINIEREN. Sie erreichen das Customizing-Element über FINANZWESEN • BANKBUCHHALTUNG • GESCHÄFTSVORFÄLLE • ZAHLUNGSVERKEHR • ELEKTRONISCHER KONTOAUSZUG • VORGANG DEFINIEREN. Sie befinden sich nun in der Sicht, in der optionale Kundenanpassungen der Standardvorgänge vorgenommen werden können.

Verwendung der Standardeinträge

Sie können alle Standardeintrage ausblenden, mit Ausnahme des Vorgangs 0050. Der Eintrag 0050 wird verwendet, wenn keine betriebswirtschaftlichen Vorgänge bei der automatischen Interpretation der Kontoauszüge ermittelt werden konnten.

Dies ist immer dann der Fall, wenn bei den Buchungsregeln in der Sicht EXTERNE VORGANGCODES ZU BUCHUNGSREGELN ZUORDNEN (Grundeinstellungen des elektronischen Kontoauszugs) keine Interpretationsalgorithmen zugeordnet worden sind.

Einen Standardvorgang können Sie, wie in Abbildung 4.5 gezeigt, auch ausblenden. Für die Änderung oder das Ausblenden eines

Standardvorgangs klicken Sie auf den Button Neue Einträge und wählen einen der vordefinierten Vorgänge.

Über den Button STANDARD-EINSTELLUNGEN springen Sie auf die von SAP im Original ausgelieferten Vorgänge (View V_FEB_TATYP) ab.

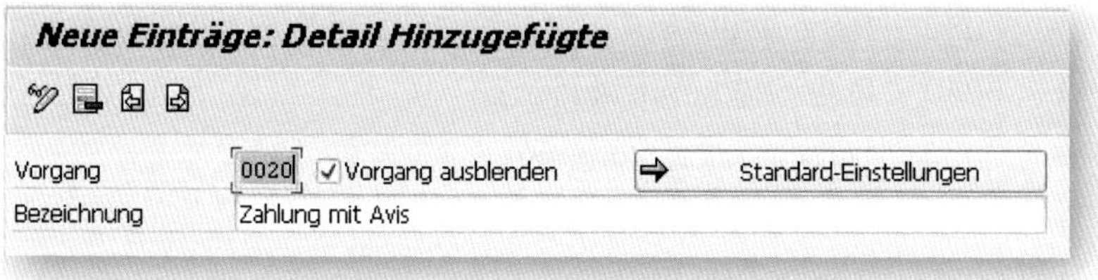

Abbildung 4.5: Ausblenden von SAP-Standardvorgängen

Hier können Sie auch eigene betriebswirtschaftliche Vorgänge nach Ihren Bedürfnissen anlegen. Die Definition dieser eigenen Vorgänge erfolgt über das soeben beschriebene Customizing-Element, mit dem Sie auch die Standardvorgänge ein- und ausblenden können.

Legen Sie dazu in einem ersten Schritt einen Vorgang und eine Bezeichnung des neuen betriebswirtschaftlichen Vorgangs an. Ordnen Sie den Vorgang einem Interpretationsalgorithmus zu, über den beim späteren Einlesevorgang bzw. bei Nachbearbeitung der Kontoauszüge der Verwendungszweck nach Ausgleichsinformationen untersucht werden soll.

Zusätzlich stehen Ihnen folgende Auswahlkriterien für den neuen Vorgang zur Verfügung (siehe Abbildung 4.6):

- Auswahl der Registerkarten,
- Auswahl der Suchkriterien auf der Registerkarte Zuordnung,
- Auswahl der Kontoarten.

Die Inhalte dieser drei Kriterien können einfach und schnell für die Interpretation des eigenen Vorgangs angepasst werden.

Zur Nachbearbeitung der nicht automatisch zugeordneten Kontoauszugspositionen sind mehrere Kartei- oder Registerkarten verfügbar.

Diese können über AUSWAHL DER REGISTERKARTEN ein- und ausgeblendet oder nach Bedarf als aktive Registerkarte angezeigt werden. Ist ein Feld als »aktiv« gekennzeichnet, wird dieses bei der Nachbearbeitung der Kontoauszüge automatisch in den Vordergrund gesetzt.

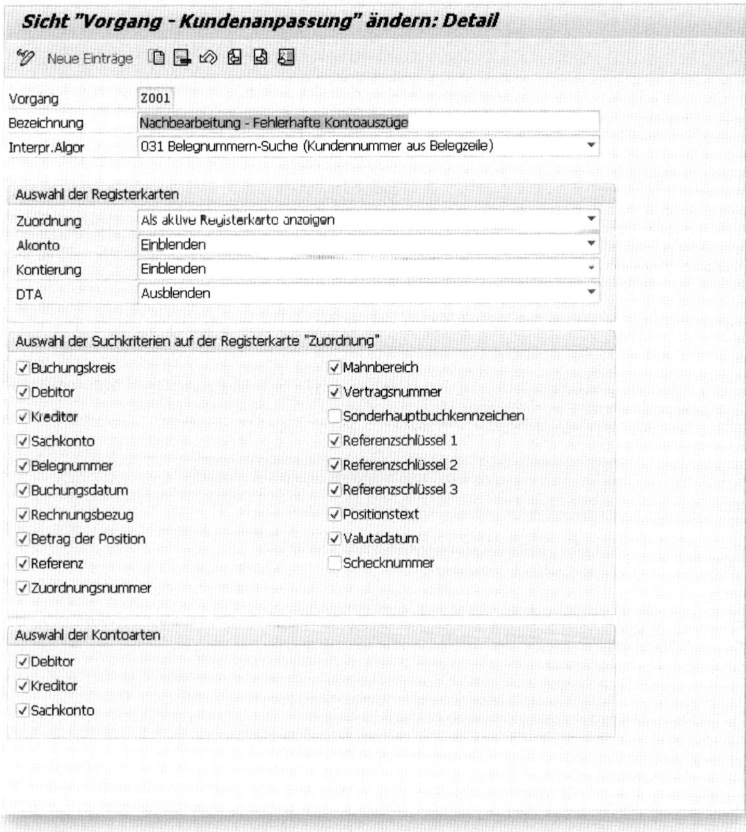

Abbildung 4.6: Details der kundenindividuellen Vorgänge

Eines der wichtigsten Felder bei der Verarbeitung der Kontoauszüge dürfte das Feld ZUORDNUNG sein. Über dieses Kriterium werden die Ausgleichsinformationen für den Beleg ermittelt und den Informationen aus dem Kontoauszug zugeordnet. Legen Sie an der Stelle fest, welche Suchparameter oder -kriterien für die Belegsuche verwendet werden sollen.

Zum Abschluss wählen Sie noch aus, in welchem Bereich (Debitoren, Kreditoren oder Sachkonto) Ihr individueller Vorgang für die Suche eingesetzt werden soll.

Bei der Selektion des Kontoauszugs (Transaktion FEB_BSPROC) wird geprüft, ob für den elektronischen Kontoauszug eine Zuordnung des Vorgangs zu den Grundeinstellungen besteht (siehe Abbildung 4.7). Hier haben Sie die Möglichkeit, zuvor festgelegte Buchungsregeln mit einem Interpretationsalgorithmus zu hinterlegen.

Sowohl die im SAP-Standard ausgelieferten als auch die eigenen Vorgänge verwenden zu ihrer Interpretation Algorithmen. Fehlt zwischen Interpretationsalgorithmus und Vorgang eine gemeinsame Zuordnung, wird der Beleg automatisch dem unbekannten Vorgang 0050 zugeteilt. Optional können Sie den verwendeten Interpretationsalgorithmus nachträglich einem Vorgang im Customizing der Bankbuchhaltung zuweisen und verbessern so die Möglichkeit eines automatischen Belegausgleichs.

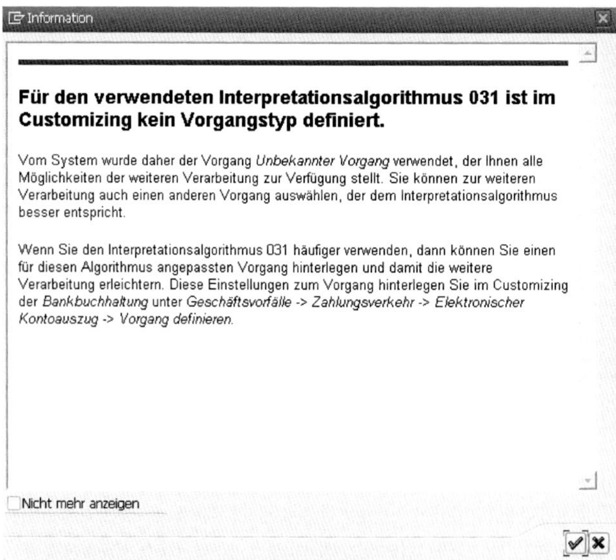

Abbildung 4.7: Fehlende Zuordnung eines Vorgangstyps

Möchten Sie keine Änderungen an den Einstellungen vornehmen, setzen Sie einen Haken in das Feld NICHT MEHR ANZEIGEN.

In der Übersicht der Vorgänge (siehe Abbildung 4.8) wird Ihnen exemplarisch aufgezeigt, welche der Standard- bzw. der eigenen Vorgänge für die Verarbeitung ausgeblendet oder verwendet werden können.

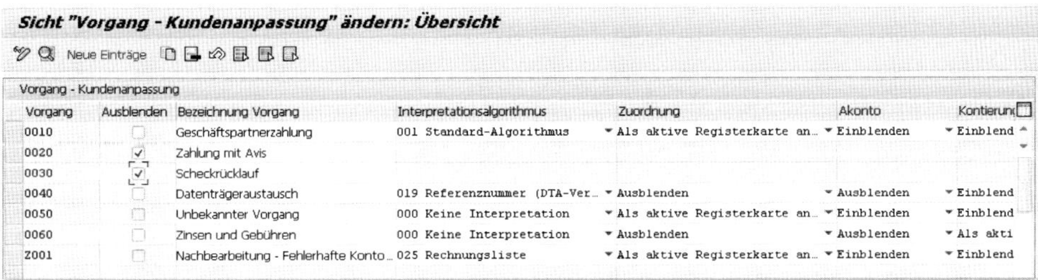

Abbildung 4.8: Übersicht der verwendeten Vorgangstypen

Ausgeblendete Vorgänge stehen bei der späteren Nachbearbeitung fehlerhafter Belege in der Transaktion FEB_BSPROC nicht mehr zur Verfügung. Eine buchungskreisabhängige Zuordnung von Vorgängen ist in diesem Zusammenhang nicht möglich.

4.3 Die Nachbearbeitungstransaktion FEB_BSPROC unter EhP6

Mit Einführung des EhP6 wurde auch die Nachbearbeitungstransaktion für die elektronischen Kontoauszüge komplett überarbeitet, benutzerfreundlicher gestaltet sowie um einige neue Funktionalitäten erweitert. So wurde etwa die Benutzeroberfläche unter der Transaktion FEB_BSPROC an vielen Stellen den aktuellen Anforderungen an ein effizientes Kontoauszugsmanagement angepasst. Kernelement dabei ist die neue Ein-Bild-Transaktion. Alle wichtigen Informationen und Bearbeitungsschritte können inzwischen nahezu über ein einziges Dynpro übersichtlich durchgeführt werden. Es verhilft dem Anwender zu einer produktiveren Nachbearbeitung der fehlerhaften Kontoauszugspositionen.

4.3.1 Aufruf der Kontoauszugsnachbearbeitung

Der Aufruf der Kontoauszugsnachbearbeitung kann wie gewohnt über die Transaktion FEBAN oder nun auch mit FEB_BSPROC erfolgen. Alternativ können Sie über das Menü RECHNUNGSWESEN • FINANZWESEN • BANKEN • EINGÄNGE • KONTOAUSZUG • NACHBEARBEITEN Ihre Kontoauszüge aufrufen.

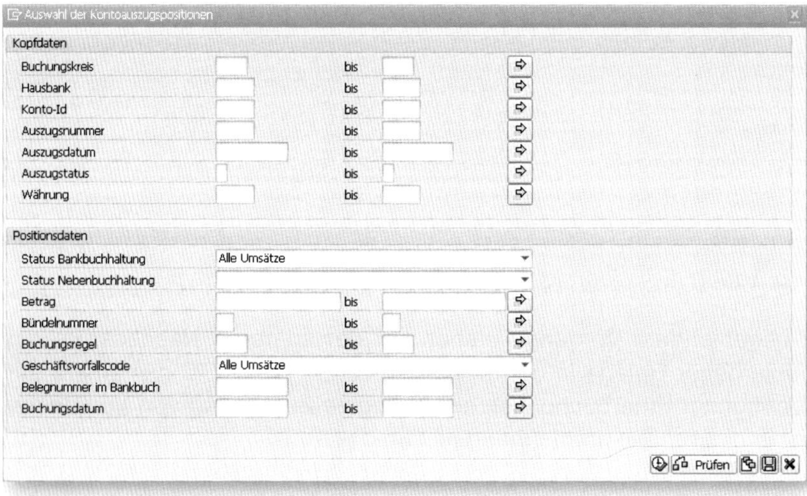

Abbildung 4.9: Auswahl der Kontoauszugspositionen unter EhP6

Bei der Auswahl von Kontoauszugspositionen stehen Ihnen nun weitere Optionen zur Verfügung (siehe Abbildung 4.9). Neben dem Status der Bank- und Nebenbuchhaltung besteht die Möglichkeit, die Beleganzeige optional über den GVC weiter einzuschränken:

- alle Umsätze,
- nur Umsätze mit unbekanntem Geschäftsvorfallcode,
- nur Umsätze mit bekanntem Geschäftsvorfallcode.

Im Customizing sind die GVCs der Banken im Regelfall einem internen Vorgang zugeordnet. Übermittelt die Hausbank einen externen Vorgang, der im Customizing noch nicht zugeordnet worden ist, lässt sich der Beleg dem unbekannten Vorgang (Unallocated) zuordnen.

Die Selektion der Kontoauszüge kann somit auf diese Vorgänge eingeschränkt werden.

Parameterwerte für Benutzer

Soll die neue Nachbearbeitungstransaktion nicht für alle Benutzer verwendet werden, kann dies individuell über den Benutzerparameter FIN_BSPROC_UI festgelegt werden. Mit dem Parameterwert FEBAN kann weiterhin die vorherige Nachbearbeitung aufgerufen werden. Weitere Informationen zu den Parametern liefert Ihnen der SAP-Hinweis 1852491.

Wie auch unter FEBAN, können Sie die Auswahl der Kontoauszugspositionen im Einstiegsbild als Variante sichern. Die Auswahl der fehlerhaften Belege kann hier beschleunigt werden, indem beispielsweise bei der Selektion der Daten die buchungskreisrelevanten Daten fest hinterlegt sind und nur noch das Auszugsdatum aktualisiert werden muss. Achten Sie dabei unbedingt auf die Anlage sinnvoller Varianten! Wird die Variante mit einem Auszugsdatum oder einer Auszugsnummer hinterlegt, werden nach dem Aufruf im ungünstigsten Fall keine Kontoauszüge zur Bearbeitung angezeigt.

Navigation und Bestandteile der Transaktion FEB_BSPROC

Unter dem nachfolgend aufgeführten Link erreichen Sie mehrere Videos, in denen Sie die Navigation sowie einige neue Bestandteile und Funktionalitäten der Nachbearbeitungstransaktion FEB_BSPROC kennenlernen. Sie erfahren, wie Sie Kontierungsvorlagen zum Ausgleich von Differenzen verwenden und eingehende Zahlungsavise schnell und einfach verbuchen können.

http://ELKO2.espresso-tutrials.com

4.3.2 Elemente der Nachbearbeitungstransaktion

Wie in Abbildung 4.10 dargestellt ist, wurde die Nachbearbeitungstransaktion FEB_BSPROC in drei Kernbereiche aufgeteilt:

- Übersicht der selektierten Belegpositionen,
- Zuordnung des Belegs mit veränderbarem Verwendungszweck,
- Registerkarten mit den jeweils dazugehörigen Buchungsmöglichkeiten.

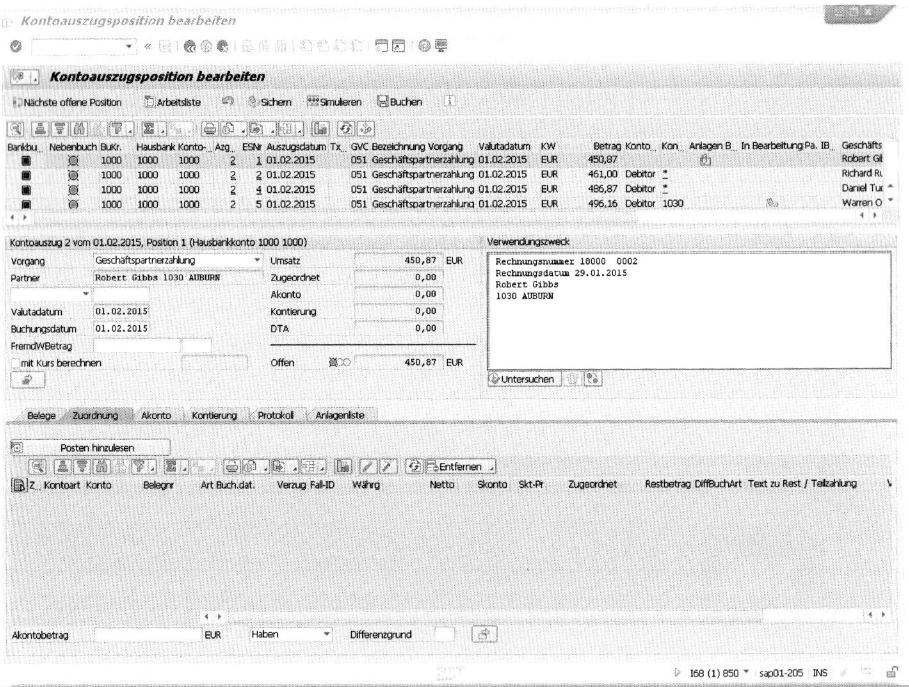

Abbildung 4.10: Bildschirmelemente der Nachbearbeitungstransaktion unter EhP6

Darüber hinaus kann der Anwender in fast allen Bereichen der Nachbearbeitung die Listenausgabe in der ALV-Darstellung selbständig sortieren und filtern. Zusätzlich wurden die Menüleisten mit einigen neuen Funktionalitäten ergänzt, die Ihnen bei der Navigation durch den Kontoauszug helfen. Die wichtigsten Funktionen der Menüleiste sind:

- Arbeitsliste,
- Bearbeiten,
- Einstellungen.

Über den Menüpunkt Arbeitsliste können Sie direkt aus der Nachbearbeitung den Status Ihrer selektieren Belege auffrischen, neu selektieren oder die Belegübersicht komplett ausblenden. Blenden Sie die Arbeitsliste vollständig aus, steht Ihnen mehr Platz für die weitere Verarbeitung der Belege zur Verfügung. Nach der erfolgten Verbuchung wird automatisch der nächste fehlerhafte Beleg aufgerufen, sofern diese Option in den persönlichen Einstellungen hinterlegt ist.

In der Praxis kann es immer wieder vorkommen, dass Belege außerhalb der elektronischen Kontoauszugsverarbeitung manuell gebucht werden. Diese Belege werden später in der Kontoauszugsbearbeitung mit einem roten Icon als fehlerhaft markiert. Da diese Belege über FEB_BSPROC nicht mehr gebucht werden müssen, kann über den Menüpfad Bearbeiten • Status ändern die Position als Erledigt gekennzeichnet werden. Eine Rücknahme des gesetzten Status ist an der Stelle allerdings nicht mehr möglich.

Wurden die Belege im Buchungsbereich 1 (Hauptbuch) nicht korrekt verbucht, können Sie dies unter Bearbeiten • Bankbuch nachbuchen nachholen.

Personalisieren der Kontoauszugsverarbeitung

Zu den wichtigsten Einstellungsmöglichkeiten in der Menüleiste zählen das Personalisieren der allgemeinen Einstellungen sowie die Einstellungen zum Buchen von Belegen. Diese Möglichkeiten werden Ihnen beim erstmaligen Aufruf der Transaktion FEB_BSPROC angeboten (siehe Abbildung 4.11). Optional kann eine Änderung auch über den Menüpunkt EINSTELLUNGEN zu einem späteren Zeitpunkt erfolgen.

So können Sie beispielsweise eine Variante der Einstiegsselektion für den Start der FEB_BSPROC anlegen. Legen Sie keine Variante an, werden die Daten aus der Selektion verwendet.

Des Weiteren kann eine maximale Anzahl an Belegpositionen pro Geschäftspartner festlegt werden, die Ihnen über die Arbeitsliste angezeigt wird. Über die Option BUCHEN können Sie zwischen den Differenzbuchungsarten RESTPOSTEN und TEILZAHLUNG auswählen. Der Buchungsmodus steuert an der Stelle die Sicht des Belegs zum Zeitpunkt der Buchung bzw. der Nachbearbeitung. Idealerweise verwenden Sie hier den Modus IM HINTERGRUND. Setzen Sie den Haken bei ZUR NÄCHSTEN OFFENEN POSITION SPRINGEN, werden Sie nach erfolgter Verbuchung automatisch zum nächsten offenen Beleg geführt.

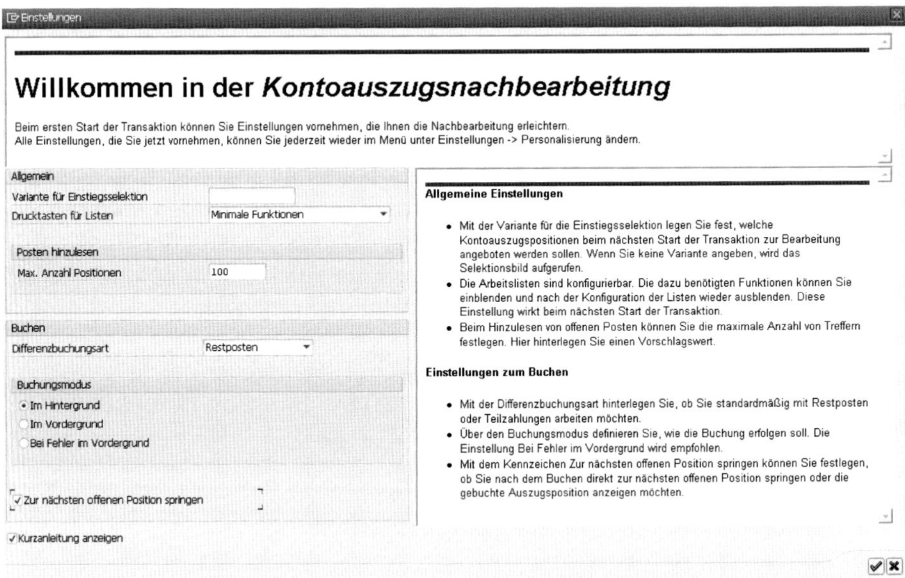

Abbildung 4.11: Bearbeitungsoptionen und Einstellungen für die Nachbearbeitung

Haben Sie persönliche Kontierungsvorlagen angelegt, können diese bei Bedarf ebenfalls unter EINSTELLUNGEN • PERSONALISIERUNG gelöscht oder geändert werden.

Die Symbolleiste

Unterhalb der Menüleiste befindet sich die Symbolleiste mit Icons für die Verbuchung und Navigation der Arbeitsliste. Die wichtigsten Funktionen daraus sind:

- NÄCHSTE OFFENE POSITION,
- ARBEITSLISTE,
- SICHERN,
- SIMULIEREN,
- BUCHEN.

Standardmäßig wird der Cursor immer auf die nächste zu bearbeitende Belegposition gesetzt. Optional kann diese Funktion auch über die Personalisierung erfolgen. Soll der Beleg übersprungen werden, kann mit dem Symbol 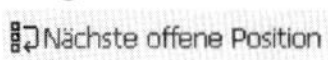

in die nächste offene Position gewechselt werden.

Für das Ausblenden der Arbeitsliste kann sowohl die Menüleiste als auch das Icon 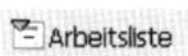

genutzt werden. Befinden Sie sich in der Bearbeitung einer umfangreichen Belegposition und die Buchung kann nicht vollständig abgeschlossen werden, können Sie sich über das Symbol SICHERN den aktuellen Bearbeitungsstatus erhalten. Mit dieser Funktionalität fixieren Sie bereits getätigte Selektionen, ohne dass diese beim Verlassen der Transaktion verloren gehen. Bei einer Neuselektion stehen Ihnen die Daten somit zur weiteren Verarbeitung wieder zur Verfügung. Zusätzlich wird Ihnen der Beleg mit dem Icon  in der Arbeitsliste gekennzeichnet. Technisch wird dazu für das Debitorenkonto ein Avis erstellt, das in der Avis-Datenbank mit einer internen Avis-Nummer abgelegt wird. Für die weitere Bearbeitung wird der Inhalt des Avis automatisch hinzu selektiert.

Zurücksetzen des Bearbeitungsstatus

Möchten Sie einen Beleg, den Sie zuvor über die Funktionalität des Sicherns in der Avis-Datenbank gespeichert haben, wieder in den ursprünglichen Zustand zurücksetzen, drücken Sie im Verwendungszweckfeld den Button UNTERSUCHEN. So wird der Originalzustand des Belegs wiederhergestellt und gespeichert.

Möchten Sie vor der Verbuchung den Beleg prüfen, können Sie über das Symbol Simulieren die spätere Buchung simulieren. Mit dem Buchen-Symbol schließen Sie die Verbuchung ab und gleichen die selektierten Positionen aus.

Die Arbeitsliste wird über eine ALV-Darstellung umgesetzt. Dabei können sämtliche Vorteile genutzt werden, die diese Funktionalität bietet. Im Standard wird ein Layout angeboten, welches die buchungsrelevanten Informationen des jeweiligen Kontoauszugs anzeigt (siehe Abbildung 4.12).

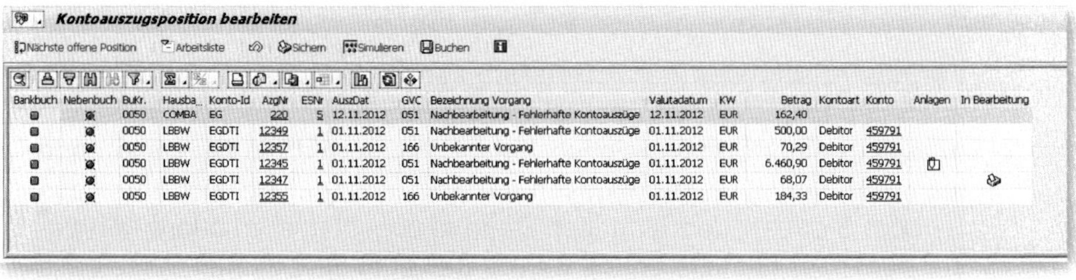

Abbildung 4.12: Listdarstellung des Kontoauszugs

Über die Funktion LAYOUT ÄNDERN können, wie in allen ALV-Listen, Darstellung und Anzeige individuell oder auch systemübergreifend angepasst werden. Selektieren Sie hier die Felder hinzu, die Sie für Ihre Nachbearbeitung benötigen. In der FEBAN-Transaktion werden die kompletten Informationen in einem separaten Fenster angezeigt – unter der FEB_BSPROC reduziert sich die Anzeige des Originalbelegs auf den Verwendungszweck. Möchten Sie weitere Details zum

Kontoauszug oder Geschäftspartner sehen, erreichen Sie dies einfach über einen Mausklick auf Felder und Inhalte, die mit einem Unterstrich 12355 1 in der Liste gekennzeichnet sind.

Ausblenden von Kontensalden

In manchen Fällen ist es notwendig, zur Klärung eines Sachverhaltes eine Kopie des Kontoauszugs an den Geschäftspartner zu senden. Beim Einzelausdruck des Bildschirminhalts werden die Kontensalden angezeigt.

Mit Einbau des Hinweises 1810539 steht der Benutzerparameter FEBAN_NO_BALANCES zur Verfügung. Mit ihm kann die Anzeige der Salden unterdrückt werden.

Zuordnung von Belegen

Im mittleren Teil der Nachbearbeitungstransaktion FEB_BSPROC können Sie nachträglich die jeweiligen Geschäftspartner entweder einem im Standard ausgelieferten oder auch selbst definierten Vorgängen zuordnen (siehe Abbildung 4.13). Eine zusätzliche Änderung der Buchungsregel ist an dieser Stelle ebenfalls möglich. Die neuen wichtigen Elemente dabei sind:

- Vorgang,
- Partner,
- Weitere Eigenschaften (Bündelnummer und Buchungsregel),
- Verwendungszweck.

Mit der aktuellen Nachbearbeitungstransaktion werden die einzelnen Belegpositionen eines Kontoauszugs einem betriebswirtschaftlichen Vorgang zugeordnet. Wie bereits in Abschnitt 4.2 beschrieben, ordnen Sie Ihre jeweiligen Belege einem zuvor definierten Standard – oder einem individuell erstellten Vorgang zu.

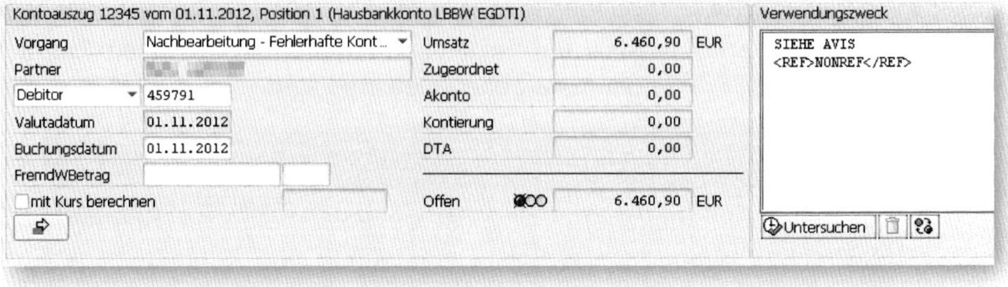

Abbildung 4.13: Einzelposition eines Kontoauszugsbelegs

Ist der zugeordnete Vorgang für die Belegposition nicht passend, so kann diese über die Auswahlmöglichkeit einem anderen Vorgang zugewiesen werden, der im Einzelfall weitere Kontierungs- und Buchungsmöglichkeiten eröffnet. Dabei gehen allerdings alle bis dahin vorgenommenen Änderungen oder Selektionen zum Beleg verloren.

Verwenden Sie für die Belegfindung Interpretationsalgorithmen, bei denen Sie im Customizing keinen Vorgangstyp hinterlegt haben, wird automatisch der Vorgang UNBEKANNTER VORGANG zugeordnet.

Ebenfalls neu an dieser Stelle ist die Zuordnung des Belegs zum Geschäftspartner. Die ehemals starre Regelung der Zuteilung auf einen zuvor festgelegten Partner wurde hier aufgelöst. Eine Belegposition kann nun einem

- Debitor,
- Kreditor oder
- Sachkonto

zugeordnet werden. Welcher Partner für die Buchung verwendet werden kann, ist allerdings davon abhängig, welchem Vorgang oder welcher Buchungsregel der Beleg zuvor zugeordnet worden ist. So kann die Überweisungsgutschrift eines Lieferanten nicht mit der Buchungsregel einer Debitorengutschrift verbucht werden.

Der Wechsel einer Buchungsregel ist bereits in der Grid- oder Tabellendarstellung der Transaktion FEBAN möglich. In der neuen Version wird diese Funktionalität über den Button [⇨] WEITERE EIGENSCHAFTEN ermöglicht. Im Fehlerfall kann so der Beleg optional auf eine dafür vorgesehene Buchungsregel (siehe Abbildung 4.14) umgeleitet werden.

Eine der wichtigsten Funktionalitäten in der neuen Kontoauszugsnachbearbeitung dürfte die Flexibilität des Verwendungszwecks sein. Beginnend bei der Transaktion FEBA bis hin zur FEBAN war die Darstellung des Verwendungszwecks bisher nur als statische Anzeige möglich. Inzwischen kann dieses Feld in einen Änderungsmodus gesetzt werden (siehe Abbildung 4.15).

Dazu wird der Verwendungszweck in einen Eingabemodus umgeschaltet, der es ermöglicht, Informationen abzuändern oder komplette Inhalte zusätzlich einzufügen.

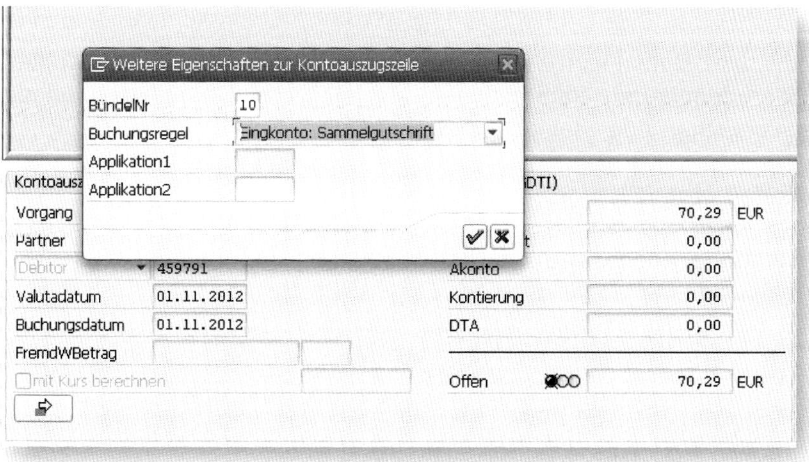

Abbildung 4.14: Zuordnung des Belegs auf eine andere Buchungsregel

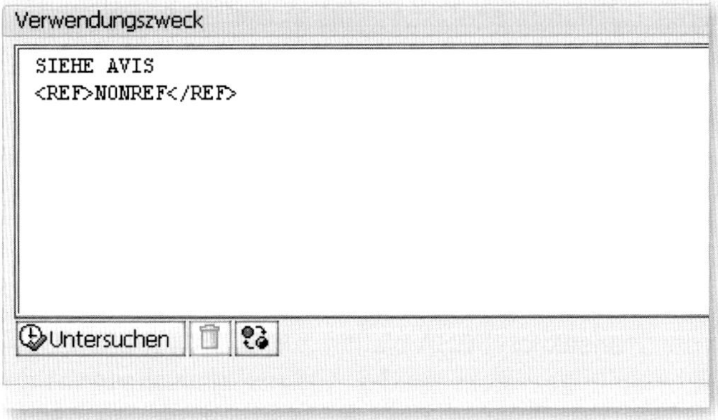

Abbildung 4.15: Optionale Belegänderungen im Verwendungszweck

So können beispielsweise fehlende Ausgleichsinformationen eines Belegs hinzugefügt oder ganze Informationsblöcke aus Aviszahlungen (zum Beispiel PDF-Dokumente, Excel-Tabellen usw.) eingefügt werden.

Mit dem Button UNTERSUCHEN können Sie die neu hinzugefügten oder geänderten Informationen auf mögliche Übereinstimmungen untersuchen oder dahingehend selektieren. Führen die zusätzlichen Eingaben nicht zum Erfolg, kann die Änderung im Beleg wieder verworfen werden.

Sämtliche Änderungen werden protokolliert und nehmen zu keinem Zeitpunkt eine Modifikation des Original-Belegs vor.

Untersuchen von Verwendungszwecken

Beim Import der Kontoauszüge werden die Intervalle aus der Selektion des Reports RFEBKA00 in der Tabelle FEPIP gespeichert. Für die erneute Interpretation (Verwendungszweck untersuchen) wird geprüft, ob ein Eintrag in der FEBIP vorhanden ist. Können keine Intervalle ermittelt werden, besteht die Möglichkeit, einen Nummernkreis in den Einstellungen für den Datenimport zu hinterlegen (siehe Abschnitt 3.1).

Im unteren Drittel der Kontoauszugsnachverarbeitung befinden sich mehrere Registerkarten, mit deren Hilfe die Zuordnung und Kontierung, die Beleganzeige wie auch die Stornierung eines bereits verbuchten Belegs möglich sind. Die sechs Karteikarten sind aufgeteilt in:

- Belege,
- Zuordnung,
- Akonto,
- Kontierung,
- Protokoll,
- Anlagenliste.

Belegübersicht

Über die Registerkarte BELEGE ist ein Absprung (Haupt- und Nebenbuch) in den gebuchten Beleg möglich. In dieser Version neu dazugekommen ist die Möglichkeit, den Beleg im Fall einer Fehlbuchung sofort aus der Nachbearbeitungstransaktion heraus stornieren zu können (siehe Abbildung 4.16).

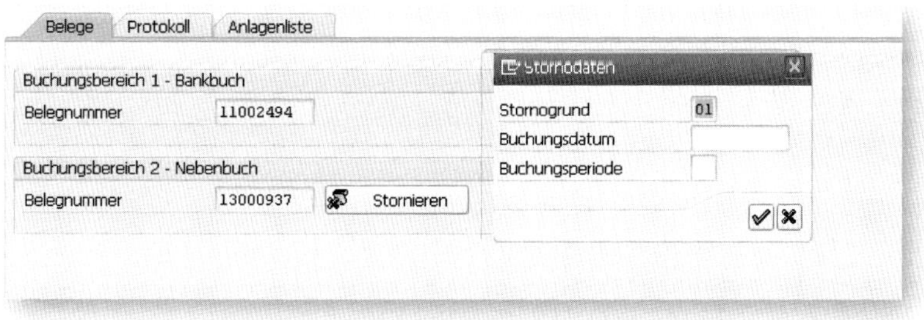

Abbildung 4.16: Storno eines Belegs im Nebenbuch

Zuordnung und Buchen von Belegen

Mit der Karteikarte ZUORDNUNG erfolgt die Zuteilung der offenen Posten zum Beleg. Dabei können zusätzliche Belege über die Funktionalität des erweiterten Verwendungszwecks automatisch hinzu selektiert oder durch eine manuelle, flexible Auswahl gesucht werden (siehe Abbildung 4.17).

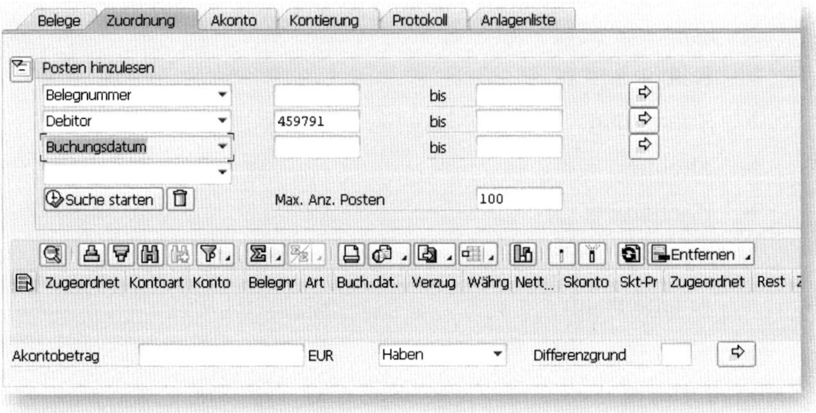

Abbildung 4.17: Zuordnung von Belegpositionen

Die erweiterte Selektion POSTEN HINZULESEN kann nahezu beliebig erweitert werden und ermöglicht eine gezielte Suche von weiteren Belegen. Darüber hinaus stehen Ihnen die bekannten Funktionalitäten für die Verteilung der Zahlung zur Verfügung. Mit den Möglichkeiten der ALV-Darstellung können auch an dieser Stelle Felder hinzu- oder ausgeblendet werden.

Zahlungsavisart für die Nachbearbeitung

Bei der Nachbearbeitung von einzelnen, fehlerhaften Kontoauszugspositionen wird temporär im Hintergrund ein Zahlungsavis erstellt. Legen Sie dazu, falls noch nicht vorhanden, die Zahlungsavisart 03 – AVIS AUS OP-BEARBEITUNG an.

Ordnen Sie den Vorgang beispielsweise einem Datenträgeraustausch zu, erhalten Sie statt der Registerkarte ZUORDNUNG alternativ eine DTA-Karteikarte. Darin enthalten sind Suchoptionen, wie beispielsweise die Identifikation oder der Tag der Ausführung eines Zahlungsträgers. Somit können Sie schnell und einfach nach den notwendigen Ausgleichsinformationen suchen. Analog dazu erhalten Sie passende Suchoptionen für die Vorgänge

- Zahlung mit Avis,
- Scheckrücklauf,
- Zinsen und Gebühren.

Lässt sich eine Zahlung nicht direkt einem oder mehreren Belegen zuordnen, kann – wie in Abbildung 4.18 gezeigt – der Betrag über die Registerkarte AKONTO auf den Geschäftspartner gebucht bzw. auf weitere Partner verteilt werden.

Kontierungsmöglichkeiten zum Beleg

In der Praxis kommt es oftmals zu wiederkehrenden Differenzbeträgen, die etwa durch Abzüge aus Fracht und Verpackung entstehen, oder weil Sie beispielsweise Erträge aus Mahngebühren von Ihren Kunden generieren. Diese Belege können mithilfe der aktuellen Kontierungsvorlagen schnell und einfach gebucht werden.

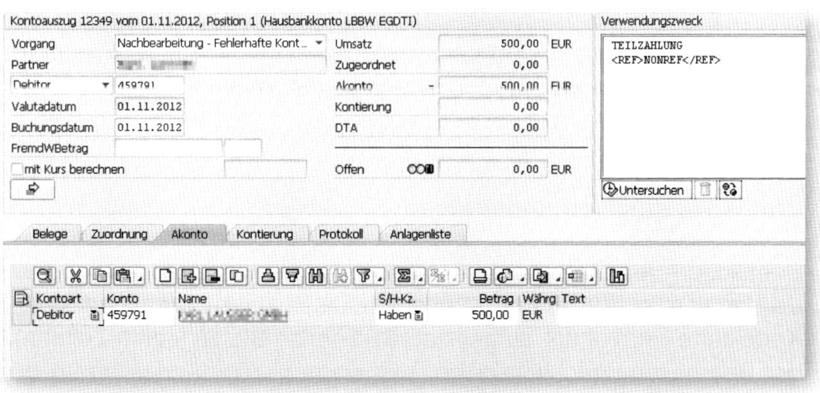

Abbildung 4.18: Akonto-Buchung eines Belegs

Erstellen Sie dazu bei Bedarf eine neue Vorlage, indem Sie eine Kontierung für den Beleg erstellen und als Kontiervorlage sichern.

Auch hierbei besteht die Möglichkeit, die Vorlage entweder benutzerspezifisch oder global für alle Anwender anzulegen. Einmal angelegte Vorlagen können immer wieder verwendet werden, indem die passende Vorlage ausgewählt und der Differenzbetrag mithilfe der Kontierungsvorlagen auf ein oder mehrere Konten verteilt wird (siehe Abbildung 4.19).

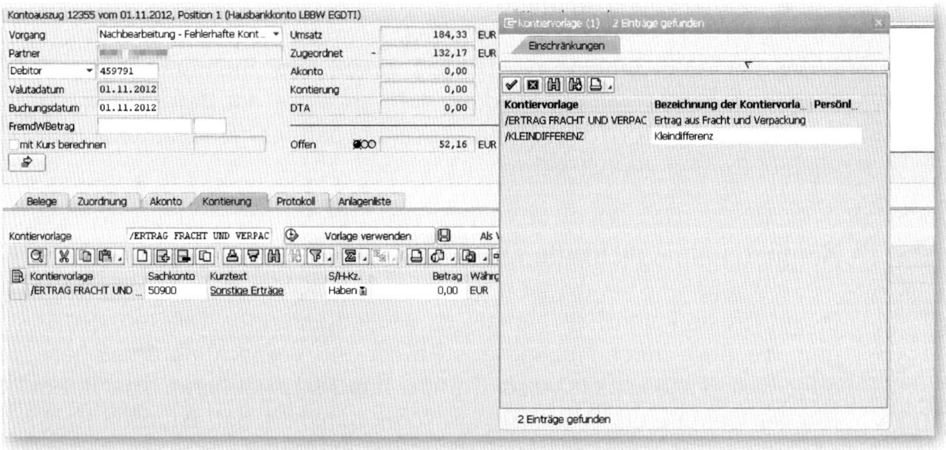

Abbildung 4.19: Kontierungsvorlagen bei Differenzen

Nicht mehr verwendete Kontierungsvorlagen können in der Menüleiste über EINSTELLUNGEN • KONTIERVORLAGEN LÖSCHEN wieder entfernt werden.

Protokollierung von Änderungen

Sämtliche Änderungen oder Selektionen zu einer Belegposition werden analog zu Abbildung 4.20 automatisch protokolliert und in der Karteikarte PROTOKOLL aufgelistet. So können Sie zu jedem Zeitpunkt der Bearbeitung nachvollziehen, wer wann welche Änderung im Beleg vorgenommen hat. Dadurch erreichen Sie in der Kontoauszugsnachbearbeitung ein hohes Maß an Revisionssicherheit.

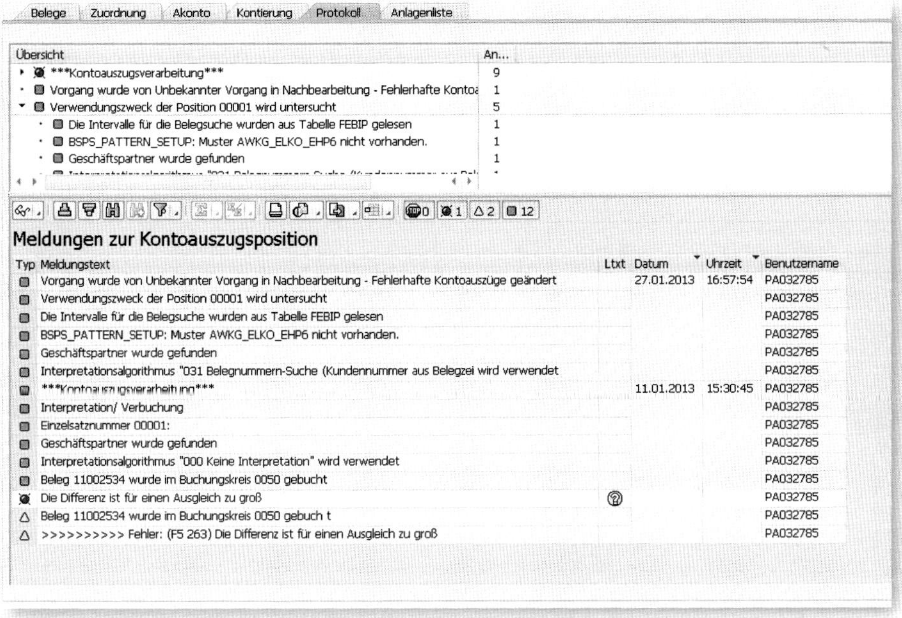

Abbildung 4.20: Protokollierung der Kontoauszugsposition

Anlageliste zum Kontoauszug

Über die Registerkarte ANLAGENLISTE (siehe Abbildung 4.21) können optional Belege des Geschäftspartners oder Notizen hinterlegt werden. Drücken Sie dazu einfach den Button NEU und legen Sie das gewünschte Dokument zum Beleg an.

Um eine bessere Übersicht über die bereits existierende Beleganlage zu gewährleisten, wird diese in der Arbeitsliste gesondert gekennzeichnet. Mit einem einfachen Klick auf das Symbol öffnet sich die Anlagenliste zum Beleg.

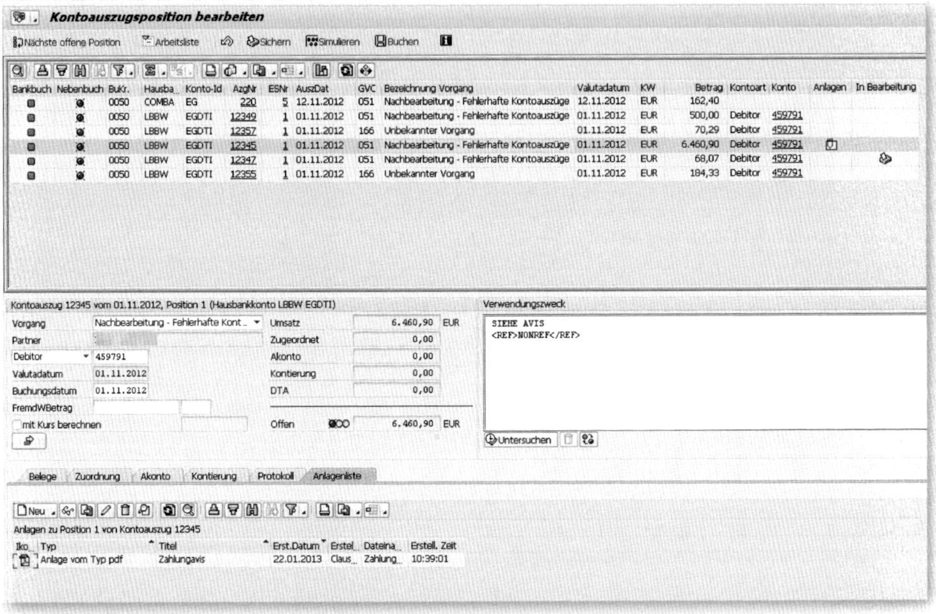

Abbildung 4.21: Anlagenliste einer Kontoauszugsposition

Eine automatisierte Zuordnung von gescannten Belegen zur Belegposition ist derzeit nicht möglich. Die Zuteilung der Anlage muss daher bis auf Weiteres manuell erfolgen.

4.4 Fazit

Die Nachbearbeitung fehlerhafter Kontoauszüge wurde unter EhP6 vollständig überarbeitet und mit neuen Funktionalitäten ausgestattet. Für die Anwender ergeben sich daraus deutliche Vorteile bei der Verarbeitung dieser Kontoauszüge. Eine Besonderheit in der SAP-Standardtransaktion FEB_BSPROC dürfte sicherlich das nachträgliche Untersuchen von Beleginformationen darstellen. Durch Reduzierung der Verwendungszwecklänge einer SEPA-Überweisung auf 140 Zeichen dürften Geschäftspartner vermehrt Zahlungsavise verwenden. Diese Funktionalität könnte mögliche Qualitätsverluste bei der automatischen Belegfindung etwas ausgleichen.

Interessant dürften in diesem Zusammenhang auch die weiteren Entwicklungen von In-Memory-Lösungen auf Basis von SAP HANA sein. Durch diese Technologie können große Datenmengen in kürzester Zeit aus unterschiedlichen Quellen abgefragt und analysiert werden. Ein Lösungsansatz ist die auf SAP HANA beruhende Integration der Kontoauszugsnachverarbeitung auf Basis des EhP6. Der Benutzer kann über eine erweiterte Suchfunktion oder über eine Freitextsuche Informationen zum Beleg in Echtzeit erfassen. Dadurch verfügt der Sachbearbeiter über deutlich erweiterte und flexiblere Suchoptionen für die Belegfindung und Analyse von Kontoauszugspositionen.

Wer noch keine Möglichkeit hat, den neuen Funktionsumfang unter EhP6 zu nutzen, dem bieten auch kleine Beratungshinweise im *SAP Service Marketplace* ein Verbesserungspotenzial, das ohne hohen Aufwand schnell zu realisieren ist.

5 Customizing-Elemente des elektronischen Kontoauszugs

Mit den in SAP zur Verfügung stehenden Grundeinstellungen kann eine Reihe betriebswirtschaftlicher Anforderungen im Standard abgebildet werden. An verschiedenen Stellen bieten Erweiterungen der Software zusätzliche Optionen, die Kontoauszugsverarbeitung nachhaltig zu verbessern und an die Entwicklungen und Bedürfnisse eines Unternehmens anzupassen. Das folgende Kapitel soll Ihnen einige Anregungen, Ideen und Vorschläge zu entsprechender Optimierung liefern.

Der Empfang und die Verarbeitung elektronischer Kontoauszüge gehören mittlerweile seit vielen Jahren zu den etablierten Standardprozessen in der Finanzbuchhaltung. Mithilfe der Grund-Funktionalitäten in SAP ist eine Integration in klein- und mittelständischen Unternehmen bis hin zu großen Konzernen im Regelfall ohne hohen Aufwand schnell und einfach zu realisieren.

Aufgrund interner Anforderungen an eine noch bessere und effizientere Verarbeitung der Kontoauszüge steigen die Ansprüche – auch an das Customizing der elektronischen Kontoauszugsverarbeitung. Einstellungen zum elektronischen Kontoauszug, die bereits vor vielen Jahren vorgenommen worden sind, können oftmals schon durch minimale Änderungen deutlich verbessert werden. Bevor Sie jedoch mit möglichen Anpassungen beginnen, ist es zunächst ratsam, sowohl die aktuelle Qualität in der Kontoauszugsverarbeitung zu prüfen als auch die momentanen Anforderungen an die Nachbearbeitung in der Buchhaltung abzufragen.

Ein Fokus dürfte dabei auf der Ermittlung der Fehlerquote in der Nachbearbeitung der Kontoauszüge liegen. Sie dient als Gradmesser für die Qualität der bereits vorgenommenen Einstellungen zur automatischen Belegfindung. Außerdem gibt die Fehlerquote Aufschluss darüber, welche Maßnahmen bei einer möglichen Verschlechterung abgeleitet werden müssen.

Der SAP-Standard bietet allerdings keine Standardprogramme oder Funktionalitäten, mit denen Sie diese Zahlen messen können. Sie haben aber die Möglichkeit, Ihre eigene Verbuchungsquote anhand eines individuellen Reports, der die internen Vorgänge der Nebenbücher auswertet, zu erstellen. Dazu verwenden Sie die nachfolgenden Tabellen:

- FEBKO,
- FEBEP,
- T001.

Mithilfe dieser drei Tabellen lassen sich schnell Abfragen zur durchschnittlichen Fehlerquote in der Kontoauszugsverarbeitung erstellen und Lösungsansätze ableiten.

Alternativ können Sie auch die Funktionalitäten der Suchmuster verwenden, um Verbesserungen zu bewirken. Ein wichtiger Baustein sind die Grundeinstellungen der elektronischen Kontoauszugsverarbeitung. Diese dienen oftmals als Basis für eine effektive Nachbearbeitung fehlerhafter Kontoauszugspositionen.

5.1 Der Kontoauszugsmonitor

Mit dem *SAP Bank Communication Management* stellt SAP die kostenpflichtige Enterprise Business Function FIN_FSCM_BNK zur Verwaltung und Autorisierung von Zahlungsaufträgen zur Verfügung. Darüber hinaus beinhaltet das Paket einen *Kontoauszugsmonitor* zur Kontrolle und Überwachung von Kontoauszügen und damit eine hilfreiche Alternative zu einer der oben genannten Eigenentwicklungen. Dieser Abschnitt soll Ihnen einen Überblick darüber geben, wie Sie mit dieser Erweiterung eine verbesserte Kontrolle über Ihre elektronische Kontoauszugsverarbeitung erhalten.

Legen Sie zunächst die notwendigen Einstellungen für die Anzeige Ihrer Kontoauszüge fest. Wechseln Sie dazu im SAP Customizing Einführungsleitfaden zu FINANCIAL SUPPLY CHAIN MANAGEMENT • BANK COMMUNICATION MANAGEMENT • KONTOAUSZUGSMONITOR • EINSTELLUNGEN FÜR KONTOAUSZUGSMONITOR. Erstellen Sie nun über den Button Neue Einträge einen neuen Eintrag. Fügen Sie zunächst den BUCHUNGSKREIS, die HAUSBANK und die KONTO-ID des Kontos ein, welches Sie später im Kontoauszugsmonitor überwachen möchten (siehe Abbildung 5.1).

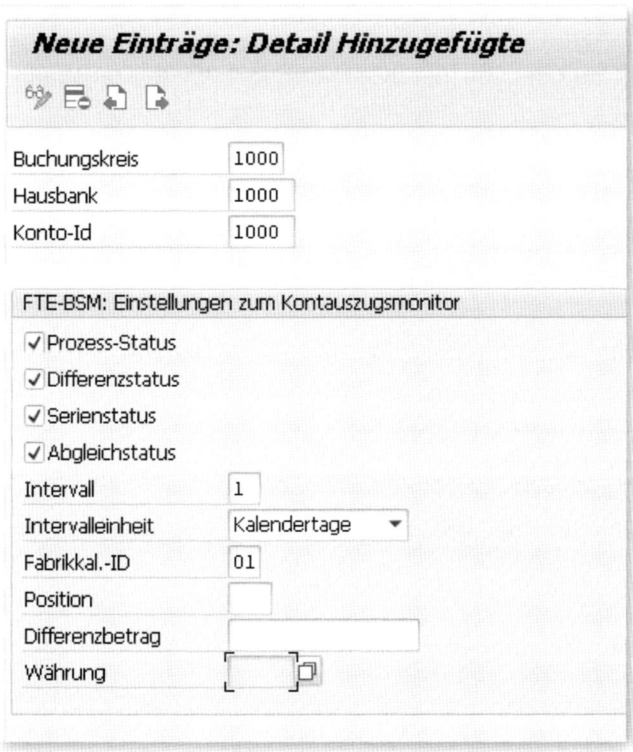

Abbildung 5.1: Einstellungen zum Kontoauszugsmonitor

Legen Sie nun in einem weiteren Schritt die Einstellungen für die spätere Anzeige des Kontos im Kontoauszugsmonitor fest.

Sie können dabei wählen zwischen:

- Prozess-Status,
- Differenzstatus,
- Serienstatus und
- Abgleichstatus.

Prozess-Status

Bei der späteren Selektion des Kontoauszugs gibt Ihnen der Prozess-Status Auskunft darüber, ob der Kontoauszug zum Auszugsdatum korrekt verarbeitet bzw. gebucht worden ist (siehe Abbildung 5.2).

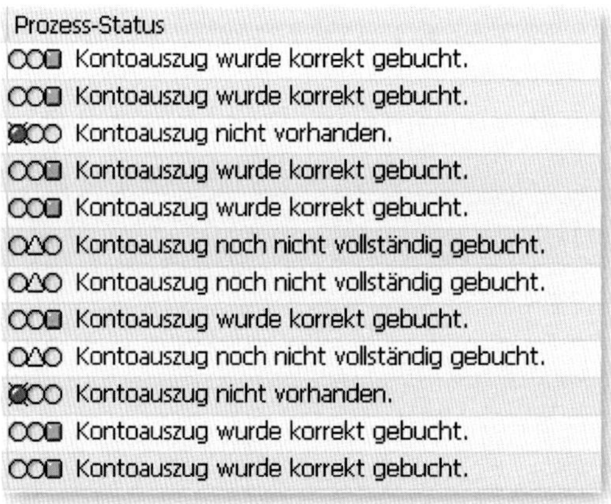

Abbildung 5.2: Übersicht zum Prozess-Status

Die Ampelfunktion zeigt Ihnen die jeweiligen Details zum Kontoauszug an:

- Rot: Der Kontoauszug ist im Customizing enthalten, aber der Kontoauszug ist nicht vorhanden.
- Gelb: Der Kontoauszug ist vorhanden, aber nicht alle Positionen daraus konnten verbucht werden.
- Grün: Der Kontoauszug wurde komplett bzw. korrekt verarbeitet.

Differenzstatus

Über den Differenzstatus können Sie mögliche Abweichungen zwischen dem Endsaldo des Kontoauszugs und dem tatsächlichen Saldo auf dem Hauptbuchkonto erkennen. Optional können Sie dazu im weiteren Verlauf des Customizing noch einen möglichen Differenzbetrag hinterlegen (siehe Abbildung 5.3).

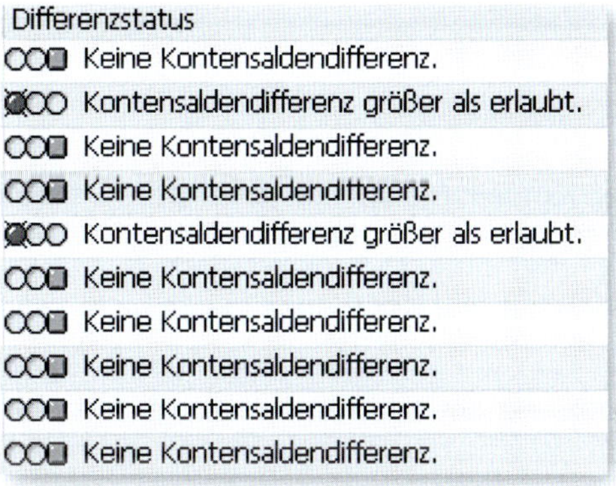

Abbildung 5.3: Übersicht zum Differenzstatus

Über die Ampelfunktion können Sie die jeweiligen Details zum Differenzstatus entnehmen:

- Rot: Die Kontensaldendifferenz überschreitet die zulässige Höhe.
- Gelb: Der Differenzbetrag liegt innerhalb des Toleranzbereichs.
- Grün: Es liegt keine Kontensaldendifferenz vor.

Serienstatus

Über die Serie wird ermittelt, ob die Sequenz der letzten fünf Kontoauszüge auf Basis des selektierten Auszugsdatums (zeitliche Abgrenzung) vollständig ist (siehe Abbildung 5.4).

Abbildung 5.4: Übersicht zum Serienstatus

Auch hier können Sie an der Ampelfunktion die jeweiligen Details zum Serienstatus ablesen:

- Rot: Die Sequenz der letzten fünf Kontoauszüge ist nicht vollständig.
- Grün: Die Sequenz der letzten fünf Kontoauszüge ist vollständig.

Abgleichstatus

Über den Abgleichstatus erhalten Sie Informationen darüber, ob noch offene Posten auf dem Hauptbuchkonto vorhanden sind. Der Status wäre beispielsweise dann »rot«, wenn der Kontoauszug noch nicht komplett verbucht wurde oder der Prozess-Status nicht vollständig ist (siehe Abbildung 5.5).

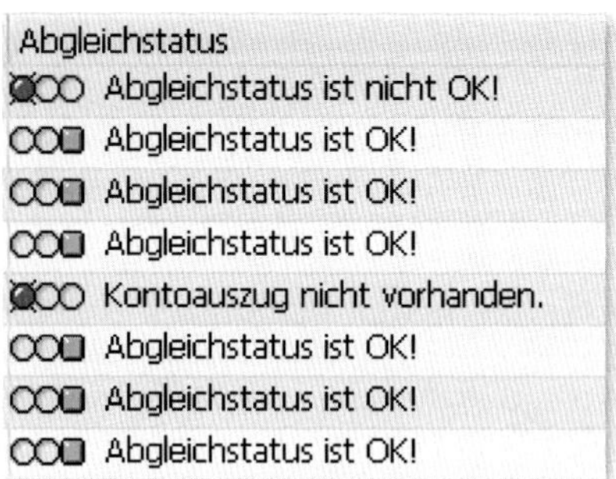

Abbildung 5.5: Übersicht zum Abgleichstatus

Der Ampelfunktion entnehmen Sie die jeweiligen Details zum Differenzstatus:

- Rot: Es sind noch offene Posten vorhanden.
- Gelb: Es sind noch nicht alle Posten gebucht.
- Grün: Alle Posten sind gebucht.

Zusätzlich zu den Status-Feldern definieren Sie die folgenden Einstellungen:

1. Intervall

Über das Feld INTERVALL legen Sie fest, in welchen zeitlichen Abständen Kontoauszüge von Ihrer Hausbank angeliefert werden. Im Regelfall werden sie täglich bereitgestellt. Tragen Sie dazu den Wert »1« in das Feld INTERVALL ein.

2. Intervalleinheit

Verwenden Sie zur Darstellung von täglichen Kontoauszügen die Intervalleinheit »1 Kalendertag«.

3. Fabrikkalender

Tragen Sie hier den auf Ihr Unternehmen zutreffenden Fabrikkalender ein.

4. Position

Wenn Sie möchten, dass ein Konto nach der Selektion an einer bestimmten Position der Liste ausgegeben wird, legen Sie dessen Position an der gewünschten Stelle fest.

5. Differenzbetrag

Möchten Sie zwischen dem Kontoauszugsendsaldo und dem Hauptbuchkonto eine Differenz erlauben, so tragen Sie die mögliche Höhe der Differenz ein.

6. Währung

Die Eingabe der Währung ist an dieser Stelle ausgeblendet, kann also mit keinem Wert gefüllt werden. Der Währungsschlüssel dazu wird aus dem im Hausbankenstamm hinterlegten Konto entnommen.

Nachdem Sie die notwendigen Einstellungen im Customizing festgelegt haben, rufen Sie den Kontoauszugsmonitor auf. Wechseln Sie dazu im SAP Easy Access-Menü über RECHNUNGSWESEN • FINANCIAL SUPPLY CHAIN MANAGEMENT • BANK COMMUNICATION MANAGEMENT • STATUSVERWALTUNG in den Kontoauszugsmonitor.

Wie in Abbildung 5.6 dargestellt ist, tragen Sie die Angaben zum gewünschten KONTOAUSZUG bzw. BUCHUNGSKREIS sowie die zeitlichen Abgrenzungen (AUSZUGSDATUM oder EINLESEDATUM des Kontoauszugs) ein und führen anschließend den Report aus.

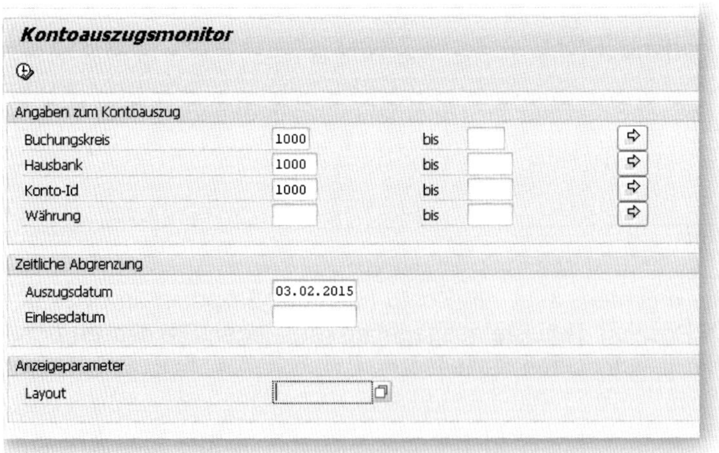

Abbildung 5.6: Selektionsmöglichkeiten für den Kontoauszugsmonitor

Sie erhalten nun eine Übersicht der Kontoauszüge, die sich überwiegend aus Informationen der Tabellen FEBKO und FEBEP zusammensetzt (siehe Abbildung 5.7). Über die SAP-List-Viewer-Funktionalitäten (ALV) können Sie optional weitere Spalten in der Anzeige ein- bzw. ausblenden.

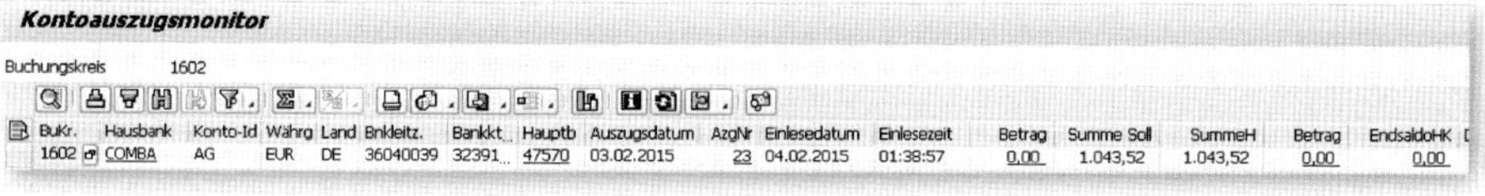

Abbildung 5.7: Übersicht der Kontoauszüge im Kontoauszugsmonitor

Neben den Inhalten aus den Tabellen FEBKO und FEBEP werden die Statusinformationen aus den Grundeinstellungen des Kontoauszugsmonitors dargestellt (siehe Abbildung 5.8). Sie liefern Ihnen Informationen darüber, ob der Kontoauszug zum gewählten Datum vorhanden ist, bzw. ob für das Konto noch weitere Folgearbeiten notwendig sind.

Abbildung 5.8: Statusinformationen im Kontoauszugsmonitor

Zusätzlich zu dieser Übersicht steht Ihnen noch eine Reihe weiterer Funktionen zur Verfügung, die Ihnen die Kontrolle und Nachbearbeitung von Kontoauszügen erleichtern. Wechseln Sie dazu über den Button in das Detailmenü (siehe Abbildung 5.9).

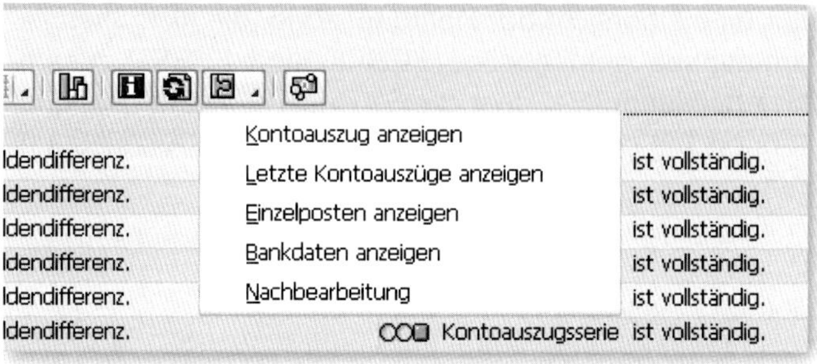

Abbildung 5.9: Detailmenü im Kontoauszugsmonitor

Hier bieten sich Ihnen folgende Möglichkeiten:

- KONTOAUSZUG ANZEIGEN
  Es erfolgt die Anzeige des markierten Kontoauszug.
- LETZTE KONTOAUSZÜGE ANZEIGEN
  Sie erhalten die letzten fünf Kontoauszüge angezeigt.
- EINZELPOSTEN ANZEIGEN
  Sie springen direkt in die Auswahl der Einzelpostenliste des Hauptbuchkontos ab.
- BANKDATEN ANZEIGEN
  Es werden die Bankstammdaten des selektierten Bankkontos angezeigt.
- NACHBEARBEITUNG
  Absprung in die Nachbearbeitungstransaktionen (FEBAN oder FEB_BSPROC)

5.2 Optimierungsmöglichkeiten der Grundeinstellungen

Die interne Buchungslogik für einzelne Kontoauszüge legen Sie im Regelfall über die Dialogstruktur in den Grundeinstellungen der elektronischen Kontoauszugsverarbeitung fest. An dieser Stelle ergeben sich vielfach noch Optimierungspotenziale für eine verbesserte Zuordnung von Belegpositionen.

Die Grundeinstellungen zur Kontoauszugsverarbeitung beinhalten die folgenden Customizing-Elemente:

- Kontensymbole anlegen,
- Konten zu Kontensymbol zuordnen,
- Schlüssel für Buchungsregeln anlegen,
- Buchungsregeln definieren,
- Vorgangstyp anlegen,
- Externe Vorgangscodes Buchungsregeln zuordnen,
- Bankkonten zu Vorgangstyp zuordnen.

5.2.1 Konten zu Kontensymbolen zuordnen

Ein erstes mögliches Verbesserungspotenzial finden Sie im Menüpunkt KONTEN ZU KONTENSYMBOL ZUORDNEN. Hier ordnen Sie dem Kontensymbol ein passendes Sachkonto (siehe Abbildung 5.10) zu, auf dem später die Belegposition verbucht werden soll. Diese Zuordnung kann zusätzlich über die KONTENMODIFIKATION erfolgen. Dieses Feld können Sie beispielsweise dazu nutzen, einen Beleg auf ein abweichendes Konto umzuleiten.

Konten zu Kontensymbol zuordnen

Kto.symbol	Kont.mod.	Währung	Sachkto	Bez. Kto.symbol
BANKVERRAUSGKTO	1452DGBA	+	47511	Verrechnung Ausgang
BANKVERRAUSGKTO	1474DB	+	47211	Verrechnung Ausgang
BANKVERRAUSGKTO	1489COMBA	+	47571	Verrechnung Ausgang
BANKVERRAUSGKTO	1502COMBA	+	47571	Verrechnung Ausgang
BANKVERRAUSGKTO	1502COMBW	+	47591	Verrechnung Ausgang
BANKVERRAUSGKTO	1502DREBA	+	47311	Verrechnung Ausgang
BANKVERRAUSGKTO	1502KSK	+	47711	Verrechnung Ausgang
BANKVERRAUSGKTO	1504BW	+	47111	Verrechnung Ausgang
BANKVERRAUSGKTO	1504KSK	+	47711	Verrechnung Ausgang
BANKVERRAUSGKTO	1505DBFFM	+	47201	Verrechnung Ausgang
BANKVERRAUSGKTO	1505DBHN	+	47211	Verrechnung Ausgang
BANKVERRAUSGKTO	1505VOBA	+	47011	Verrechnung Ausgang

Abbildung 5.10: Kontenmodifikation in den Grundeinstellungen zum elektronischen Kontoauszug

Die Kontenmodifikation können Sie zusätzlich mit Suchmustern oder einem User-Exit verbinden. In beiden Fällen kann die Logik der Verbuchung nochmals erweitert werden.

5.2.2 Vorgangstypen zuordnen

Eine weitere gezielte Steuerung von Buchungen ist die Verfeinerung der Vorgangstypen. Grundsätzlich ist es ratsam, das Basis-Customizing schlank zu halten, um die Übersichtlichkeit zu bewahren. Jedoch kann sich eine zu sparsame Verwendung betriebswirtschaftlicher Sachverhalte innerhalb der Vorgangstypen auch als Nachtteil herausstellen.

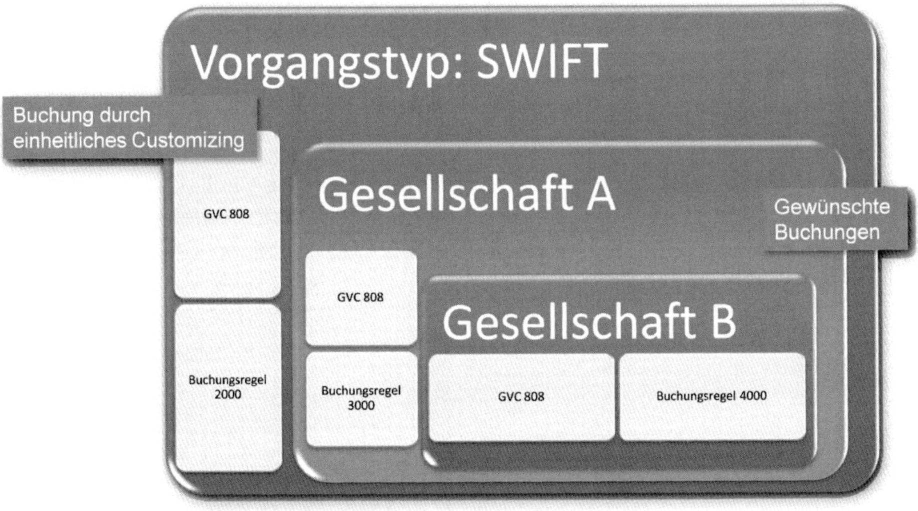

Abbildung 5.11: Vorgangstypen für die Verbuchung von Kontoauszügen

In der Praxis ist es möglich, dass Buchungen, die über ein einheitliches Customizing zugeordnet und ausgelöst werden, von den Anforderungen einzelner Tochtergesellschaften abweichen (siehe Abbildung 5.11).

Aus dieser standardisierten Zuordnung kann eine Fehlbuchung in den einzelnen Gesellschaften ausgelöst werden. Eine detaillierte Aufteilung nach Buchungskreis sowie ggf. nach Bank gestattet eine feinere Granularität bei der Zuteilung externer Geschäftsvorfallcodes (GVCs) zu den jeweiligen Vorgangstypen. Daraus ergeben sich Vorteile, wie eine hohe Flexibilität auf der Ebene der GVCs sowie ein möglicher Verzicht auf Differenzierungen von Geschäftsvorfällen über den User-Exit.

Allerdings ist darauf zu achten, dass bei einem zu hohen Detailgrad die Übersichtlichkeit verloren gehen könnte. Aufwand und Nutzen sollten somit vorher eingehend geprüft und bewertet werden.

Hinsichtlich der GVCs steht Ihnen eine weitere Möglichkeit zur Verfügung, den Einlese- und Verarbeitungsprozess Ihrer Kontoauszüge zu optimieren: Beim Empfang der Daten kann es vorkommen, dass nicht alle GVCs einer internen Buchungsregel zugordnet sind. In diesem Fall bricht die Kontoauszugsverarbeitung ab und muss erneut gestartet werden. Als temporäre Lösung sieht SAP in diesem Zusammenhang den externen Vorgang UNALLOCATED vor, der bei einer fehlenden Zuordnung zu einer Buchungsregel verwendet werden kann. Bis zur endgültigen Klärung sollte die Buchung auf ein Zwischenkonto erfolgen. Um den GVC später im Customizing nachpflegen zu können, sollte im dazugehörigen Protokoll vermerkt werden, welche der externen Geschäftsvorfälle über diese *Dummy-Regel* zugewiesen worden sind.

5.2.3 Alternative Kontonummer

Die Funktionalität der *Maskierung* von Feldern finden Sie in dem Customizing-Element BANKKONTEN ZU VORGANGSTYPEN ZUORDNEN. In manchen Fällen werden von den Banken Kontonummern übermittelt, die Sie in der Hausbankentabelle (Transaktion FI12) über eine alternative Kontonummer abbilden müssen, um diese später im elektronischen Kontoauszug verarbeiten zu können.

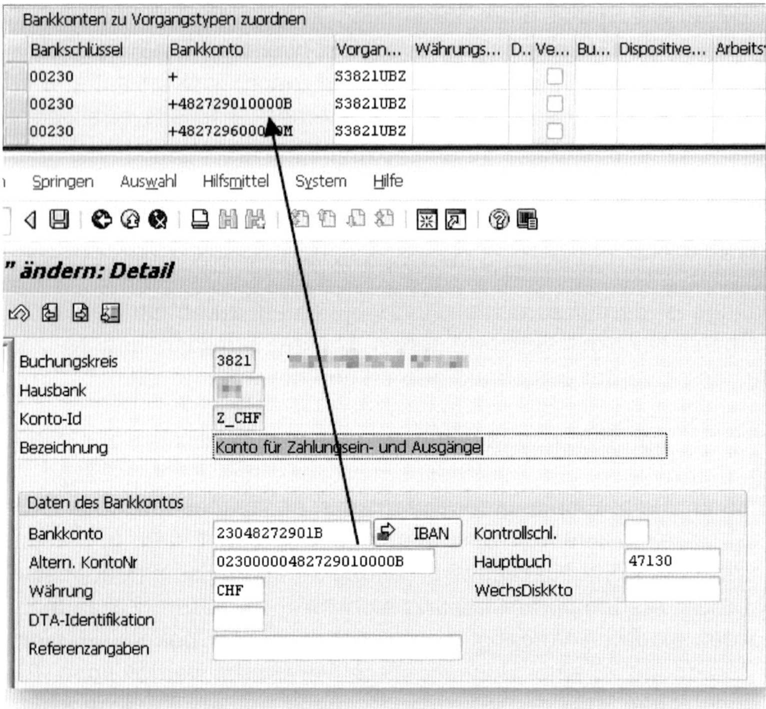

Abbildung 5.12: Maskierung der alternativen Kontonummer

Das Feld BANKKONTO ist mit maximal 18 Stellen kürzer als das Feld ALTERNATIVE KONTONUMMER, das bis zu 24 Zeichen erlaubt. Damit Sie diese Konten dennoch für den elektronischen Kontoauszug abbilden können, muss das Konto zusammen mit dem Bankschlüssel in einer maskierten Darstellung hinterlegt werden (siehe Abbildung 5.12).

5.3 Erweiterungsmöglichkeiten des SAP-Standards

SAP bietet im Standard zahlreiche Erweiterungsmöglichkeiten für die Verarbeitung des elektronischen Kontoauszugs an, die zu unterschiedlichen Zeitpunkten aufgerufen werden können.

Die Erweiterungen stehen Ihnen zur Verfügung:

- beim Einlesen von Kontoauszügen,
- während der Interpretation der Kontoauszüge,
- während der Buchung der Kontoauszüge sowie
- in der Nachbearbeitung von Kontoauszügen.

Nachfolgend stelle ich Ihnen beispielhaft dar, wie Sie die automatische Verbuchung der Kontoauszüge in SAP ergänzen können. Für die eigentliche Interpretation (Inhalte) der Kontoauszüge können Sie auswählen zwischen:

- Funktions- oder User-Exit,
- Business Add-in (BAdI),
- Business Transaction Events (BTE).

5.3.1 Funktions- und User-Exit

Banken liefern Kontoinformationen häufig in einem vom Standard abweichenden Formataufbau an. Daher ist an dieser Stelle eine Anpassung der Auszüge für eine korrekte Verarbeitung notwendig. Mit dem Funktions- oder User-Exit FEB00004 können Sie die Rohdaten der SWIFT MT940- oder MT942-Formate zum Zeitpunkt des Einlesens ändern (siehe Abbildung 5.13). Dieser Exit wird beispielsweise bei der Verarbeitung der SWIFT MT942-Dateien verwendet.

Der Funktions- oder User-Exit dürfte die am häufigsten verwendete Ergänzung sein. Die SAP-Erweiterung FEB00001 bietet zahlreiche Optionen, die Daten während der Interpretation zu selektieren und für die erweiterte Verarbeitung anzureichern.

Die Erweiterung wird nach der Interpretation durch die Suchmuster sowie nach der Belegsuche über Interpretationsalgorithmen aufgerufen. Somit muss beim Einsatz eines User-Exits in Kombination mit den Suchmustern beachtet werden, dass ein Refresh auf die

T_FEBCL bereits identifizierte Belege aus der Mustersuche wieder löscht.

Include ZXF01U06 aktiv

```
        ELSE.
          CONTINUE.
        ENDIF.
      ENDIF.
    ENDIF.
  ENDIF.

  IF <raw>-line(3) = ':28' AND l_valid = 'X'.
    IF <raw>-line+3(1) = 'C'.
      IF <raw>-line+5(2) = '0/'.
        SHIFT <raw>-line+5 RIGHT BY l_length PLACES IN CHARACTER MODE.
        ADD 1 TO l_length.
        <raw>-line+5(l_length) = l_aznum(l_length).
      ENDIF.
    ELSE.
      IF <raw>-line+4(2) = '0/'.
        SHIFT <raw>-line+4 RIGHT BY l_length PLACES IN CHARACTER MODE.
        ADD 1 TO l_length.
      ENDIF.
    ENDIF.
    CLEAR l_valid.
  ENDIF.

ENDLOOP.
```

Abbildung 5.13: Funktionserweiterung FEB0004 für die Verarbeitung von SWIFT MT942-Dateien

Übersicht der Kundenerweiterung

Eine ausführliche Übersicht über Kundenerweiterungen im elektronischen Kontoauszug bietet der SAP-Hinweis 494777. Darin enthalten ist eine Vielzahl an Vorschlägen für programmtechnische Erweiterungen.

5.3.2 Business Add-in (BAdI)

Möchten Sie im Rahmen der Rückläuferverarbeitung (Rücklastschriften) noch weitere Belegänderungen vornehmen, wird das BAdI FIEB_RET_CHANGE_DOC benötigt. Der Aufruf erfolgt nach der Rücknahme des Ausgleichsbelegs. Werden in diesem Zusammenhang noch weitere Ergänzungen zur Standardbuchung gewünscht, rufen Sie vor der Buchung das BAdI FEB_BADI auf. Für das Auslesen fremder Bankgebühren aus dem Beleg wird mit dem FIEB_RETURNS_ADDIN ein weiteres BAdI benötigt.

Erweiterungsmöglichkeiten für eine Nachbearbeitung der Kontoauszüge werden überwiegend über die Transaktion FEBAN eingesetzt. An dieser Stelle werden ausschließlich BTE verwendet, mit denen Sie beispielsweise kundeneigene Subscreens verwenden (Prozess-BTE 00002830 bzw. 00002840) oder die Darstellung zwischen der List- und der Baumdarstellung vertauschen können (Prozess-BTE 00002870).

5.4 Einsatz von Suchmustern

Eine der Erweiterungsmöglichkeiten für die Interpretation von Kontoauszügen ist die Verwendung von Suchmustern im SAP-Standard. Mithilfe dieser Funktionalität können die Verwendungszweckfelder auf Ausgleichsinformationen aus dem Überweisungsbeleg hin untersucht und verbucht werden. Von der einfachen Beleganreicherung bis zu komplexen Sachverhalten (Sachkonten und Kostenbuchungen) können Sie Ihre betriebswirtschaftlichen Anforderungen darin abbilden. Dadurch ergeben sich in Verbindung mit dem elektronischen Kontoauszug folgende Nutzungsoptionen:

- Erstellen neuer Vorgänge,
- Umleitung von Belegen auf neue betriebswirtschaftliche Vorgänge,
- Anreicherung des Verwendungszwecks.

Die Anlage und Verwendung der Suchmuster gliedern sich in drei Abschnitte: Zu Beginn definieren Sie ein Muster, das Sie in einem zweiten Schritt für die Verwendung detailliert zuordnen. Abschließend können Sie in einem letzten Schritt noch die Belegnummernsuche in vorhandenen Kontoauszügen simulieren.

5.4.1 Anlegen eines Suchmusters

Zum Anlegen des Suchmusters verzweigen Sie im Einführungsleitfaden auf FINANZWESEN • BANKBUCHHALTUNG • GESCHÄFTSVORFÄLLE • ZAHLUNGSVERKEHR • ELEKTRONISCHER KONTOAUSZUG • SUCHMUSTER FÜR ELEKTRONISCHEN KONTOAUSZUG HINTERLEGEN.

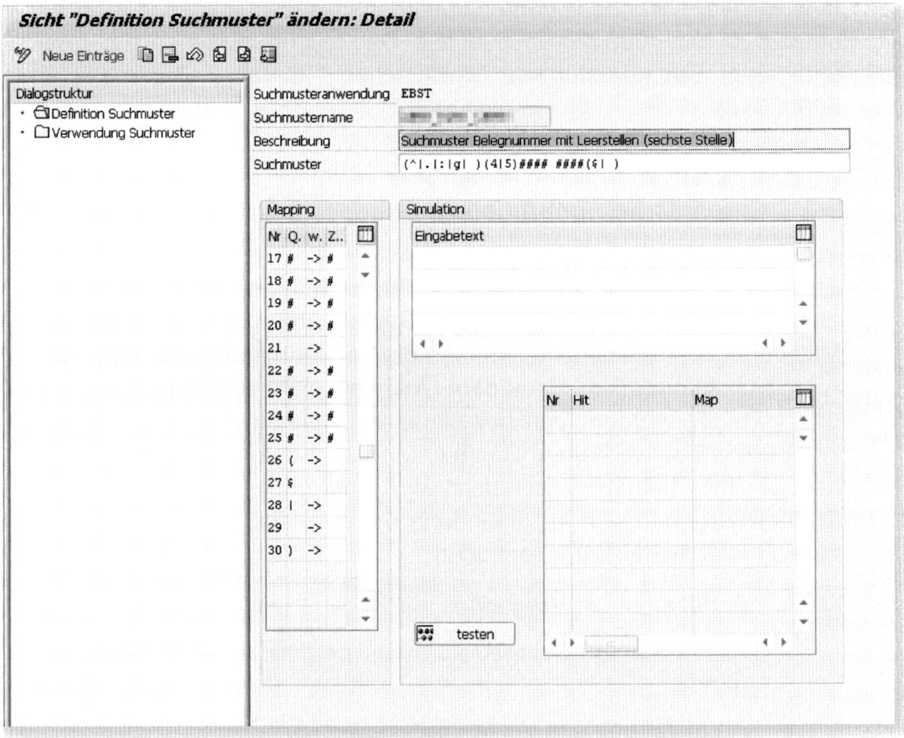

Abbildung 5.14: Beispiel – Definition eines Suchmusters

Legen Sie zu Beginn den Namen und die Beschreibung Ihres neuen Suchmusters fest. Definieren Sie daraufhin Ihr Muster für die spätere Interpretation des Kontoauszugs, indem Sie die notwendigen Informationen in das Feld SUCHMUSTER eintragen. Bestätigen Sie abschließend die Eingabe mit ENTER (siehe Abbildung 5.14) – das Suchmuster ist angelegt.

Definition von Anfang und Ende

Definieren Sie für jedes Suchmuster ein Anfangs- und Endzeichen (' ',^,$). So vermeiden Sie fehlerhafte Treffer und lange Laufzeiten bei der Interpretation.

Die Zuordnung der Suchmuster zu den Quell- und Zielfeldern wird in der Mapping-Tabelle abgebildet. Im Suchmuster selbst werden die für einen Belegtreffer nicht benötigten Zeichen (Quellfeld), wie beispielsweise Anfangs- und Endzeichen, durch ein Leerzeichen im Zielfeld ersetzt. Über den Simulationsmodus können Sie Ihr Suchmuster prüfen. Indem Sie den Button TESTEN anklicken, wird kontrolliert, ob das zuvor definierte Suchmuster die Informationen aus dem Verwendungszweck interpretieren kann.

Kommt es dabei zu mehreren Belegtreffern, werden die doppelten Einträge aus dem Puffer gelöscht, und nur einer der ermittelten Vorgänge wird verwendet. Der Verwendungszweck selbst wird an der Stelle nicht dauerhaft geändert, sondern lediglich für die Interpretation der Verwendungszwecke mit den im Customizing hinterlegten Informationen angereichert.

SEPA und Suchmuster

Unter SEPA können die Suchmuster zusätzlich an Bedeutung gewinnen. Bedingt durch den unstrukturierten und auf 140 Zeichen beschränkten Verwendungszweck, ist zu erwarten, dass die Informationen zahlreichen Abkürzungen unterliegen und somit nur schwer automatisch verarbeitet werden können.

Praxisbeispiel – Erweiterte Belegnummernsuche

Es empfiehlt sich, mit einem einfachen, aber gleichzeitig effektiven Muster zu beginnen, um sich mit der Arbeitsweise der Suchmuster vertraut zu machen. Nachfolgend hierzu ein Beispiel:

Beim Zahlungseingang werden die Verwendungszwecke oftmals lückenhaft oder in einer gesperrten (Block-)Schreibweise übermittelt. Werden diese Daten im Rahmen der späteren Interpretation der Informationen, beispielsweise durch einen User-Exit, als einzelne Informationen oder Verwendungszwecke abgeleitet, können sie nicht weiter verarbeitet werden.

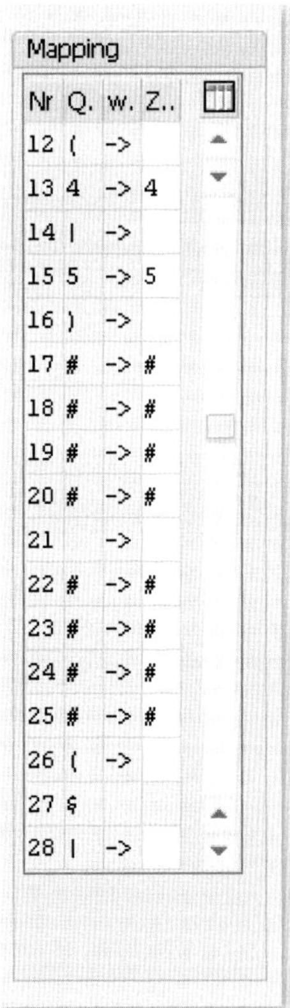
Mapping

Nr	Q.	W.	Z..
12	(	->	
13	4	->	4
14	I	->	
15	5	->	5
16	)	->	
17	#	->	#
18	#	->	#
19	#	->	#
20	#	->	#
21		->	
22	#	->	#
23	#	->	#
24	#	->	#
25	#	->	#
26	(	->	
27	$		
28	I	->	

Abbildung 5.15: Mapping Quell- zu Zielfeld

Um diese Belege dennoch automatisch verarbeiten zu können, legen Sie ein Suchmuster an, das überflüssige Leerzeichen entfernt und einen geteilten Verwendungszweck wieder zusammensetzt.

Das Beispiel (^|.|:|g|)(4|5)#### ####($|) aus Abbildung 5.14 zeigt ein Muster, das einen neunstelligen Verwendungszweck beinhaltet und mit der Nummer 4 oder 5 beginnen kann. Die Belegnummer im Verwendungszweck des Kontoauszugs hat an der sechsten Stelle eine Leerstelle, die bei der Interpretation entfernt werden soll (siehe Abbildung 5.15).

Bestimmen Sie bei der Definition eines Suchmusters zunächst, welche möglichen Informationen vor dem eigentlichen Verwendungszweck stehen könnten, und setzen Sie ein Anfangszeichen. Dies kann beispielsweise eines der Wörter »Rechnung« bzw. »Rechnung:« oder einfach nur »RG.« sein. Schließen Sie den Suchbegriff auch am Ende mit einem Endzeichen ab.

5.4.2 Zuordnung eines Suchmusters

Nach der Definition des Suchmusters erfolgt in einem nächsten Schritt dessen Zuordnung. Wechseln Sie dazu in der Dialogstruktur der Mustersuche von der Sicht DEFINITION SUCHMUSTER auf VERWENDUNG SUCHMUSTER. Hier legen Sie fest, an welcher Stelle und vor allem wie ein Suchmuster verwendet werden soll. Für die Verwendung stehen folgende Felder zur Verfügung:

- BUCHUNGSKREIS,
- HAUSBANK,
- KONTO-ID,
- EXTERNER VORGANGSCODE,
- VORZEICHEN,
- INTERPRETATIONSALGORITHMUS,
- SUCHMUSTERNAME,
- ZIELFELD,

- AKTIV (einzelne Suchmuster können von der Belegfindung in der Kontoauszugsverarbeitung ausgeschlossen werden),
- MAPPINGBASIS.

Sie können somit, wie in Abbildung 5.16 dargestellt, gezielt Suchmuster auf einzelne oder mehrere Buchungskreise, GVCs und Banken zuordnen. Über entsprechende Vorzeichen haben Sie die Möglichkeit, die Belege auf Soll- oder Haben-Positionen weiter einzuschränken.

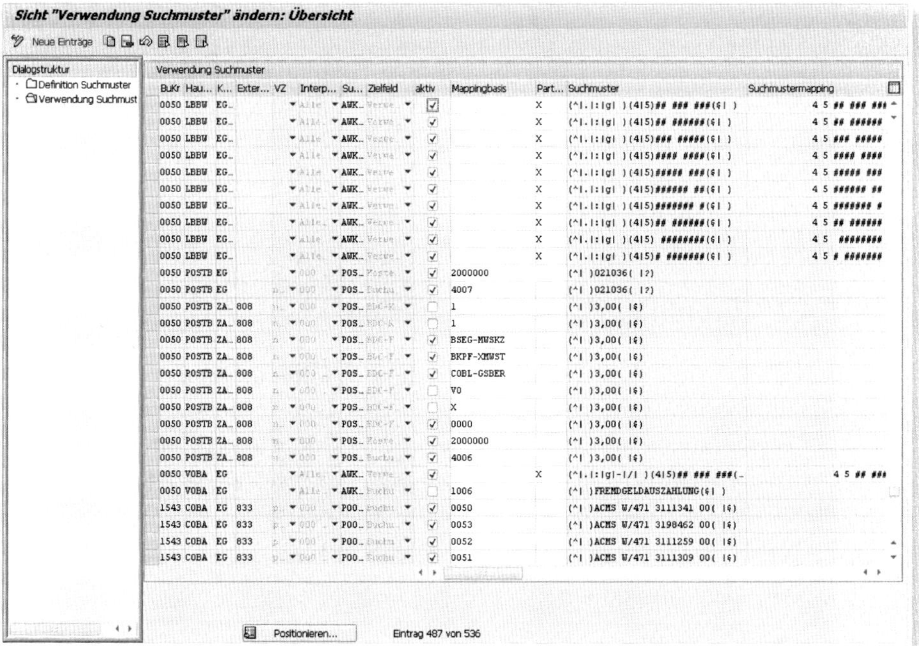

Abbildung 5.16: Übersicht Verwendung von Suchmustern

Ebenso können die Suchmuster auf einzelne externe Vorgänge oder Interpretationsalgorithmen festgelegt werden. In der Praxis bietet es sich jedoch an, die Suche auf alle verfügbaren Interpretationen anzuwenden, da Sie so die Wahrscheinlichkeit auf einen Belegtreffer erhöhen.

Zu den wichtigsten Feldern für die Suchmuster dürften das ZIELFELD und die MAPPINGBASIS gehören. Über das Zielfeld legen Sie fest, wohin das Ergebnis aus der Suche geschrieben werden soll. Für das Praxisbeispiel der erweiterten Belegnummernsuche wird das Feld VERWENDUNGSZWECK genutzt.

Das Feld MAPPINGBASIS beinhaltet Informationen, die aus dem Zielfeld ableitbar sind. So können Sie beispielsweise im Zielfeld KOSTENSTELLE einen Wert hinterlegen, der für die Kontierung und Buchung eines Belegs benötigt wird. Möchten Sie die Buchung auf eine bestimmte Buchungsregel steuern, können Sie dies über die Kombination ZIELFELD – MAPPINGBASIS erreichen. Die Zeichenkette ist an der Stelle frei wählbar und kann auf das jeweilige Ziel abgestimmt werden. In unserem Praxisbeispiel können Sie die Mappingbasis mit einem Grundwert hinterlegen, der aus dem Belegnummernkreis der Rechnungsnummern besteht. Ist zu erwarten, dass der Kunde bei der Begleichung der fälligen Rechnungen nicht immer die vollständigen Nummern, sondern nur Teile daraus angibt, so wird diese Fundstelle aus dem Suchmuster aufgefüllt beziehungsweise überschrieben.

Mappingbasis von Suchmustern

Der Belegnummernkreis für ausgehende Rechnungen ist mit 400000000 festgelegt. Das Rechnungsintervall ist zu Beginn eines Wirtschaftsjahrs noch verhältnismäßig klein (beispielsweise 400004540). Der Kunde verzichtet bei der Regulierung auf die vorangestellten 40000 und übermittelt nur die 4540.

Über die Mappingbasis wird das Feld wieder auf den zu erwartenden Wert aufgefüllt, dies führt somit zu einem eindeutigen Belegtreffer.

Wird ein Suchmuster nicht mehr benötigt – Sie möchten es aber noch nicht komplett löschen –, so kann es auch über das Feld AKTIV ausgeschaltet werden. Möchten Sie die Mustersuche nur dann anwenden, wenn Sie den Geschäftspartner (beispielsweise Debitoren) eindeutig zuordnen können, so setzen Sie ein »X« im Feld PART ID.

Praxisbeispiel – Kontierung und Buchung von Kosten

Neben der einfachen Verwendung für die Suche und Verbesserung von Verwendungszwecken können mithilfe von Suchmustern aber auch komplexe Buchungen durchgeführt werden. In einem weiteren Beispiel sollen dazu die Kosten für die Abrechnung eines EC-Terminals verbucht werden (siehe Abbildung 5.17).

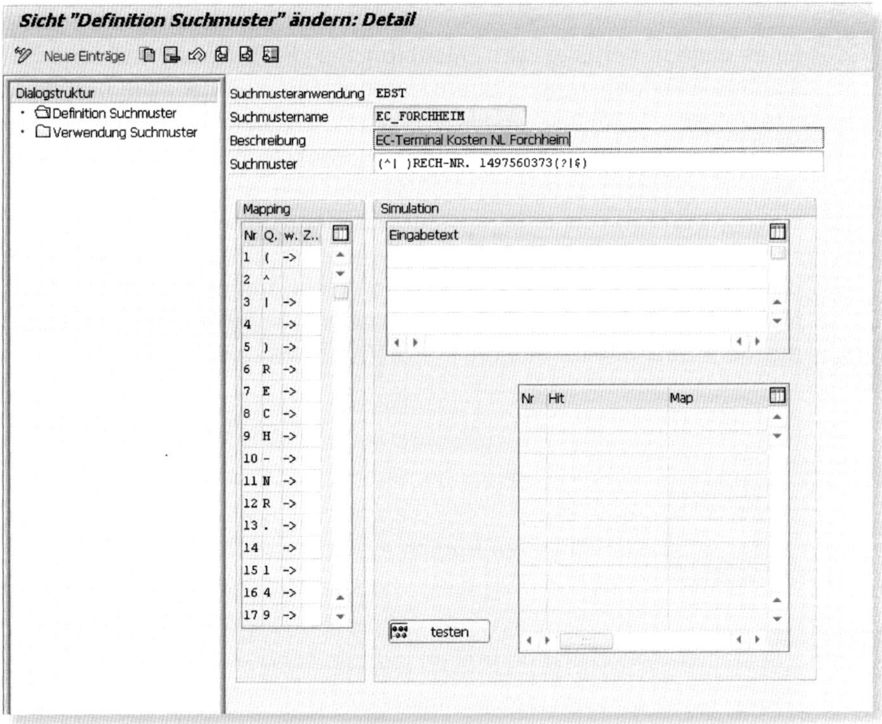

Abbildung 5.17: Anlage eines Suchmusters für eine kostenrelevante Buchung

Die Abrechnung der Leistung erfolgt direkt über den Kontoauszug, indem alle im Zuge der Belastung buchungsrelevanten Daten über den Kontoauszug mitgeteilt werden (siehe Abbildung 5.18). Anhand dieser Informationen soll eine kostenwirksame Buchung direkt aus dem elektronischen Kontoauszug erzeugt werden.

```
01052 10.04 10.04 0000000000 1497560373 12096      LASTSCHRIFT EINZUGSERM.
 [redacted] NETZBETRIEB MRZ 12
RECH-NR. 149756037331203028
MIETE 1 14,00 14,00 SERVICE
1 7,00 7,00 LIZENZ 1 2,00
2,00 SUMME NETTO EUR 23,00
MWST. 19P EUR 4,37
RECHNUNGSBETR.EUR 27,37
GILT ALS RECHNUNG MIT
[redacted] [redacted] [redacted] FORCHHEIM
<REF>NONREF</REF>
 97186/034
Referenz          NONREF
```

Abbildung 5.18: Kontoauszugsposition mit Informationen zur automatischen Verbuchung

Legen Sie dazu, wie in Abbildung 5.17 dargestellt, ein einfaches Suchmuster mit einem eindeutigen Suchkriterium an und grenzen Sie Beginn und Ende der Belegsuche ab. Das Zielfeld im Mapping bleibt in diesem Fall leer, da keine Änderung am Ursprungsbeleg vorgenommen werden soll.

Im nächsten Schritt ordnen Sie das Suchmuster den Zielfeldern zu. Beispielhaft soll hierzu eine Kostenbuchung erzeugt werden, für die eine Reihe unterschiedlicher Zielfelder benötigt wird. Im SAP-Standard sind bereits verschiedene Standardfelder vorgegeben, die Sie für die Zuordnung verwenden können (z. B. Kostenstelle, Buchungsregel, Geschäftsbereich).

Verwendung Suchmuster

BuKr	Ha...	K..	Exter...	VZ	Interp...	Su...	Zielfeld	aktiv	Mappingbasis	Part ID	Suchn
0050	M...	EG			000	EC_...	BDC-Kontoart 1	☑	1		(^I)
0050	COM...	EG			000	EC_...	BDC-Kontoart 2	☑	1		(^I)
0050	COM...	EG			000	EC_...	BDC-Feldname 1	☑	BSEG-MWSKZ		(^I)
0050	COM...	EG			000	EC_...	BDC-Feldname 2	☑	BKPF-XMWST		(^I)
0050	COM...	EG			000	EC_...	BDC-Feldname 3	☑	COBL-GSBER		(^I)
0050	COM...	EG			000	EC_...	BDC-Feldwert 1	☑	V1		(^I)
0050	COM...	EG			000	EC_...	BDC-Feldwert 2	☑	X		(^I)
0050	COM...	EG			000	EC_...	BDC-Feldwert 3	☑	0000		(^I)
0050	COM...	EG			000	EC_...	Buchungsregel	☑	9102		(^I)

Abbildung 5.19: Verwendung Suchmuster zur Verbuchung einer Kostenrechnung

Sollten die vorhandenen Felder für eine Zuordnung nicht ausreichen, können Sie zusätzlich eine Reihe an BDC-FELDERN für ein direktes Befüllen der Zielfelder verwenden (siehe Abbildung 5.19).

Im Beispiel wird zuerst festgelegt, in welcher Buchungszeile später die Verbuchung erfolgen soll. Dies wird über das Zielfeld BDC-KONTOART gesteuert. Der entsprechende Wert oder Inhalt wird im Feld MAPPINGBASIS hinterlegt. Für die Belegung der Buchungszeile sind folgende Möglichkeiten vorgesehen:

- 0: 1. Zeile Buchungsbereich 1,
- 1: 1. Zeile Buchungsbereich 2,
- 2: 2. Zeile Buchungsbereich 1,
- 3: 2. Zeile Buchungsbereich 2.

Im Beispiel soll die Verbuchung jeweils in der ersten Zeile des Buchungsbereichs 2 (Nebenbuch) für die Felder BSEG-MWSKZ und BKPF-XMWST erfolgen. Diese Felder geben Sie über den BDC-FELDNAMEN mit und hinterlegen die passenden Werte im BDC-FELDWERT. Darüber hinaus benötigt die Buchung noch eine Kostenstelle, die als Standardselektion aus den Zielfeldern ausgewählt werden kann.

Auf welche Konten letztlich gebucht wird, steuern Sie über die Buchungsregel, welche die eigentliche Information (Sachkonten) enthält und die Inhalte der BDC-Felder aufnimmt.

Die Funktionsweise des auf den ersten Blick komplexen Geflechts aus Standardfeldern und BDC-Feldern wird bei der Modellierung des Suchmusters klarer. Prinzipiell gilt beim Aufbau eines Suchmusters:

- Welche Buchung soll abgebildet werden?
- Welche (Sach-)Konten werden dazu benötigt?
- In welchem Buchungsbereich erfolgt die Buchung?
- Welche Felder werden dazu benötigt?

Basierend auf den Antworten lassen sich die einzelnen Schritte von der Definition bis zur Anlage schnell und einfach in Suchmuster einbinden, die dann als Vorlage für weitere Vorgänge dienen können.

5.4.3 Suchmuster und Kontenmodifikationen

Zusätzliche Flexibilität beim Einsatz der Suchmuster erhalten Sie durch eine Kombination mit dem Feld Kontenmodifikation aus den Grundeinstellungen für den elektronischen Kontoauszug.

Die Kontenmodifikation (siehe Abbildung 5.20) ermöglicht an der Stelle beispielsweise die Verbuchung von Vorgängen auf unterschiedliche Sachkonten unter Verwendung einer Buchungsregel und GVCs. Dadurch kann die Flexibilität in der Zuordnung noch weiter erhöht werden.

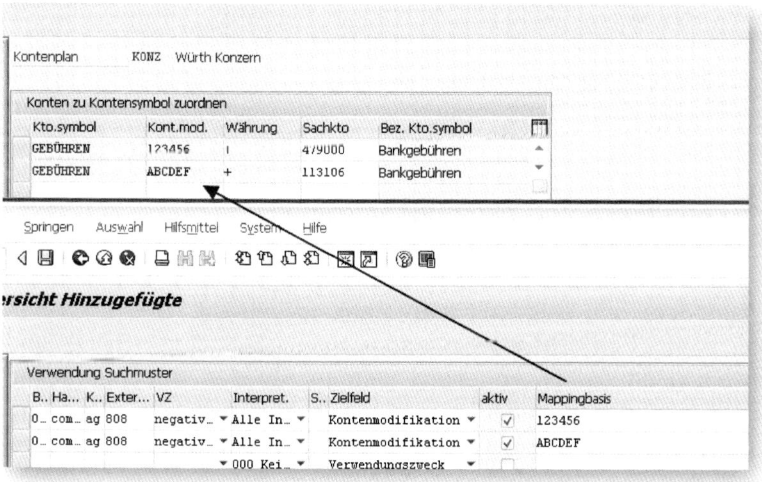

Abbildung 5.20: Flexible Zuordnung von Vorgängen durch die Verwendung von Kontenmodifikationen

Ich hoffe, ich konnte Ihnen in diesem Abschnitt verdeutlichen, welche Vorteile sich durch den Einsatz von Suchmustern gegenüber anderen SAP-Erweiterungsmöglichkeiten wie etwa dem User-Exit ergeben. Grundsätzlich sind für die Definition der Suchmuster keine Programmierkenntnisse erforderlich, sodass diese schnell realisiert und in den Produktivbetrieb übernommen werden können. Selbst komplexe Sachverhalte lassen sich aufgrund der bestehenden Zielfelder (BDC-Feldwerte, Kostenstellen, Buchungsregeln etc.) abbilden. Bestehen bereits Erweiterungen für die Kontoauszugsverarbeitung, so können Suchmuster auch parallel dazu betrieben werden.

Es ist allerdings zu beachten, dass Suchmuster nicht zur Laufzeit geändert werden können. Die Anlage und Änderung müssen im Regelfall über einen Transportauftrag aus dem Entwicklungs- in das Produktivsystem erfolgen.

5.5 Automatischer Kontenausgleich

Im SAP-Standard finden wir zahlreiche etablierte Funktionen, die hinsichtlich der teilweise komplexen Anforderungen der SEPA zusätzlich an Bedeutung gewonnen haben und eine einfachere sowie durchgängige Verbuchung elektronischer Kontoauszüge ermöglichen.

5.5.1 Ausgleich von Zahlungsaufträgen

Eine Standardkomponente ist die Verwendung von sogenannten *Zahlungsaufträgen* im elektronischen Zahlungsverkehr. Diese können beispielsweise im Zusammenhang von Lastschriften (SDD) und Überweisungen (SCT) eingesetzt werden. Zu den Besonderheiten der Zahlungsaufträge in SAP gehört die Trennung von Belegbuchungen und dem Zahlungszeitpunkt. Die Zahlung wird zwar zum definierten Fälligkeitstag ausgeführt, nicht aber der Ausgleich der offenen Posten auf den Debitoren- bzw. Kreditorenkonten. Der Ausgleich in den Nebenbüchern erfolgt bei einem Zahlungsauftrag in SAP immer erst mit der Gutschrift oder der Belastung des Sammlers auf dem Bankkonto. Bei Fremdwährungszahlungen kann die Belastung direkt mit dem Umrechnungskurs der Bank gebucht werden. Wird die Zahlungsanordnung hingegen nicht verwendet, erfolgt die Buchung gegen die im Customizing hinterlegten Kurse. Eine weitere mögliche Kursdifferenz zwischen Zahllauf und Buchung des Kontoauszugs wird dadurch vermieden.

Die über einen Zahlungsauftrag selektierten Posten können nicht durch einen anderen Zahllauf erneut reguliert werden, da jedem Zahlungsauftrag eine eindeutige Nummer zugeordnet ist (Tabelle PYORDH bzw. PYORDP). Die erzeugte Nummer aus einem Zahlungsauftrag ist vergleichbar mit der Belegnummer eines Zahlungsbelegs.

Für die Verwendung von Zahlungsaufträgen prüfen Sie zunächst die in der Systemauslieferung voreingestellten Nummernkreise. Dazu wechseln Sie in die Transaktion FBN2 und prüfen ob die Nummernkreisintervalle (siehe Abbildung 5.21) enthalten sind.

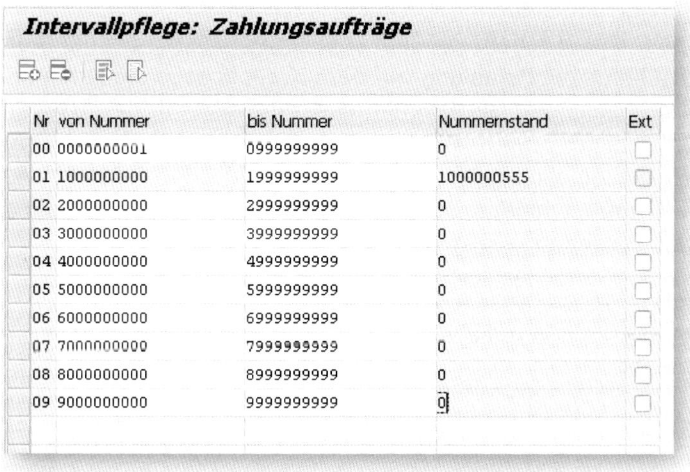

Nr	von Nummer	bis Nummer	Nummernstand	Ext
00	0000000001	0999999999	0	☐
01	1000000000	1999999999	1000000555	☐
02	2000000000	2999999999	0	☐
03	3000000000	3999999999	0	☐
04	4000000000	4999999999	0	☐
05	5000000000	5999999999	0	☐
06	6000000000	6999999999	0	☐
07	7000000000	7999999999	0	☐
08	8000000000	8999999999	0	☐
09	9000000000	9999999999	0	☐

Abbildung 5.21: Intervalle für Zahlungsaufträge

Fehlen Nummernkreisintervalle, pflegen Sie diese nach bzw. erhöhen Sie bei Bedarf die Anzahl an Nummernkreisen. Kennzeichnen Sie nun in einem nächsten Schritt den für Zahlungsaufträge vorgesehenen Zahlweg im jeweiligen Land. Rufen Sie dazu die Transaktion FBZP auf und klicken Sie anschließend auf den Button [Zahlwege im Land]. Wählen Sie das Land sowie den Zahlweg aus, und markieren Sie in den ANGABEN ZUR BUCHUNG das Feld NUR ZAHLUNGSAUFTRAG (siehe Abbildung 5.22).

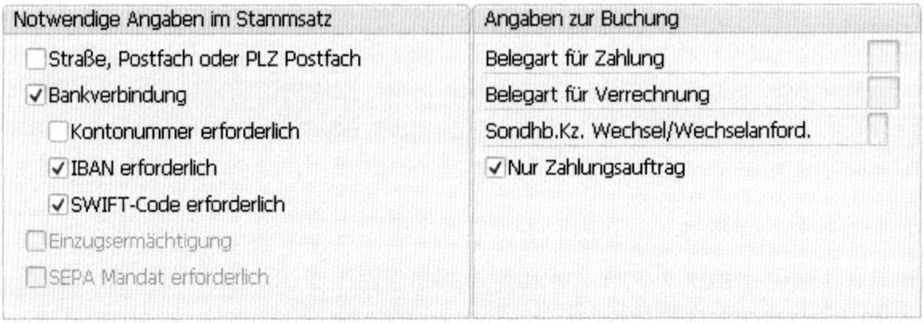

Abbildung 5.22: Zahlungsauftrag im Stammsatz »Zahlwege im Land«

Die Änderungen im Customizing wirken sich auf das Verhalten des Zahllaufs aus: Die aus dem Zahllauf regulierten Posten werden nun bis zur Gutschrift bzw. Belastung auf dem Kontoauszug weiterhin als »offen« gekennzeichnet. Sie können dies zum einen in den offenen Posten des Debitors oder Kreditors erkennen, indem Sie in der Darstellung der Einzelpostenliste zusätzlich das Feld ZAHLUNGSAUFTRAG einblenden. Darüber hinaus ist der Zahlungsauftrag in den ZUSATZANGABEN des Belegs gekennzeichnet (siehe Abbildung 5.23).

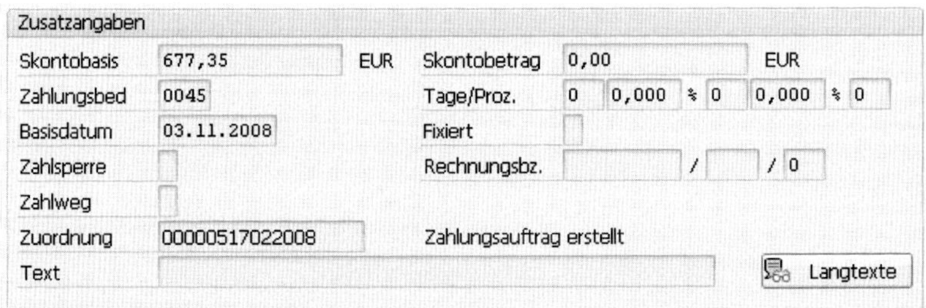

Abbildung 5.23: Zahlungsauftrag in den Zusatzangaben des Belegs

Erweiterung für die Einzelpostenliste

Möchten Sie das Feld ZAHLUNGSAUFTRAG in den Einzelpostenlisten FBL5N oder FBL1N einblenden, so müssen Sie zusätzlich das BTE 00001650 *Einzelpostenanzeige: Daten pro Zeile ergänzen* verwenden. Das dazu notwendige Feld PYORD wird standardmäßig nicht in den Tabellen BSID und BSIK geführt und muss mithilfe des Musterbausteins SAMPLE_INTERFACE_00001650 im eigenen Namensraum entsprechend ausprogrammiert werden, um es in der Einzelpostenliste einblenden zu können. Bitte führen Sie gegebenenfalls einen Abgleich zwischen der Tabelle T021S und den Sonderfeldern mithilfe des Reports *RFPOSXEXTEND* durch.

Durch einen Doppelklick auf Zahlungsauftrag erstellt verzweigen Sie in die Detailinformationen des Zahlungsauftrags (siehe Abbildung 5.24), die weitere Informationen zum Zahllauf beinhaltet, wie beispielsweise die Hausbank, Konto-ID und den Zahlbetrag.

ZahlAuftrg	Aw	Ausführ.am	Ident	Z	Währg	Bukr	Hausbank	Konto-Id		Regulierter Betrag	Kreditor	Valutadat.	Regul. Betrag HW		GsBe
						Buchungskreis	Belegnr	Jahr	Pos	Betrag		Skontobetrag	Quellsteuer	Tage	Skt-Pr
1000000555		12.02.2015	2525	U	EUR	2525	VOBA	ZAHL		677,35-	106874	12.02.2015	677,35-		
						2525	51702	2008	1	677,35-		0,00	0,00	0	0,000
* Summe					EUR		VOBA			677,35-					
										677,35-		0,00	0,00		
** Summe					EUR					677,35-					
										677,35-		0,00	0,00		

Abbildung 5.24: Detailansicht des Zahlungsauftrags

In den XML-Datenträgern (SEPA SDD und SCT) wird die Zahlungsauftragsnummer in den XML-Tag <InstrID> geschrieben. Zusätzlich werden über den Funktionsbaustein FI_REF_DOCUMENT_FILL die Referenz des Belegs ermittelt und das Präfix »04« der Zahlungsauftragsnummer vorangestellt (siehe Abbildung 5.25).

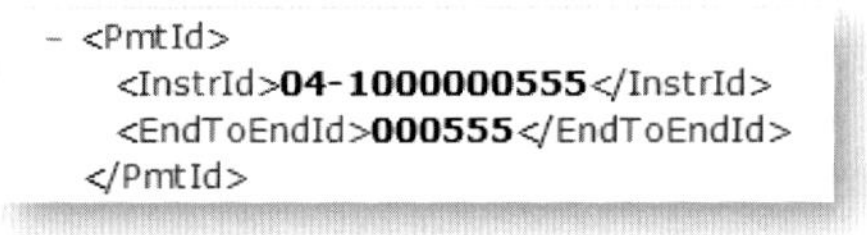

Abbildung 5.25: Zahlungsauftragsnummer im XML-Datenträgersatz

Der XML-Tag <InstrID> ist in diesem Zusammenhang lediglich eine technische Transaktionsreferenz, die dem Empfänger im Gesamtprozess der Zahlung nicht weitergeleitet wird.

Für die spätere Zuordnung der Zahlungsaufträge im elektronischen Kontoauszug wird die eindeutige Referenz (Sammlerreferenz) der Einreichung benötigt, die im XML-Tag <PmtInfId> an die Bank übermittelt wird. Dabei handelt es sich um ein Pflichtfeld im XML-Datenträger, welches in der SWIFT-MT940/942-Datei wie auch in den camt.052- und camt.053-Dateien zurückgeliefert wird.

Damit Sie die Gutschriften oder Belastungen der Zahlungsaufträge im elektronischen Kontoauszug automatisiert verarbeiten können, sind einige Anpassungen in den Grundeinstellungen zum elektronischen Kontoauszug notwendig.

Rufen Sie dazu mit der Transaktion SPRO den SAP Customizing-Einführungsleitfaden auf und wechseln Sie über FINANZWESEN• BANKBUCHHALTUNG • GESCHÄFTSVORFÄLLE • ZAHLUNGSVERKEHR • ELEKTRONISCHER KONTOAUSZUG in die Grundeinstellungen für den elektronischen Kontoauszug. Wählen Sie Ihren Kontenplan aus und wechseln Sie in die Dialogstruktur SCHLÜSSEL FÜR BUCHUNGSREGELN ANLEGEN (siehe Abbildung 5.26).

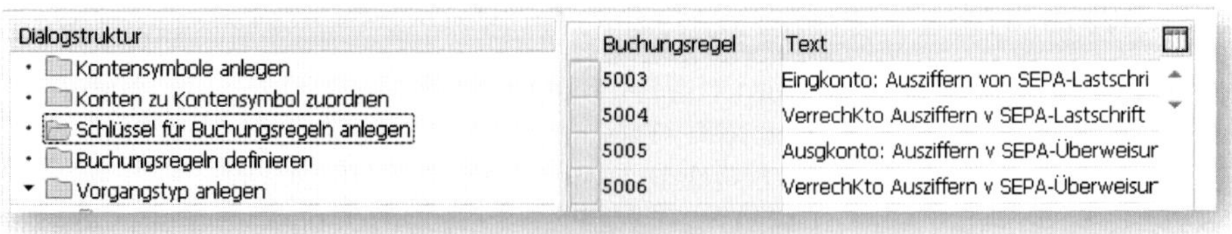

Abbildung 5.26: Schlüssel für Buchungsregeln

Hier legen Sie eine Buchungsregel an, über die Sie die automatische Verbuchung der Kontoauszüge steuern können. Navigieren Sie in einem nächsten Schritt in die Dialogstruktur BUCHUNGSREGELN DEFINIEREN, um die eigentliche Buchungslogik über die Kontensymbole zu steuern (siehe Abbildung 5.27).

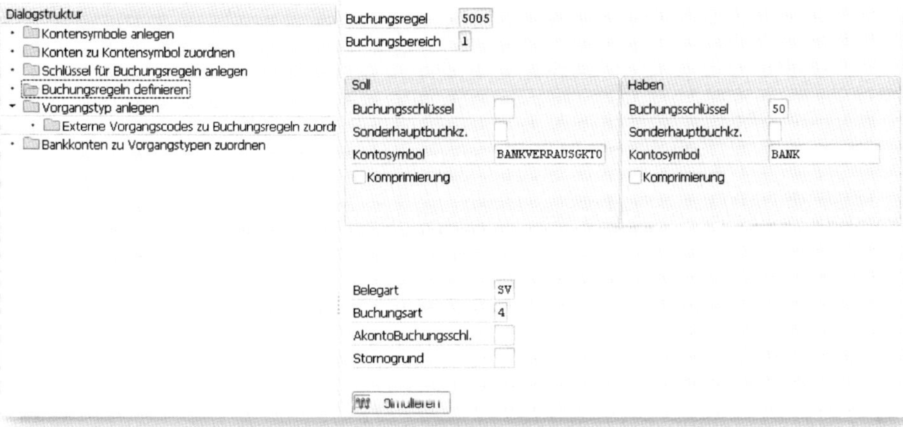

Abbildung 5.27: Buchungsregeln definieren

Sie verwenden dazu im Regelfall Kontensymbole, die im Rahmen der elektronischen Kontoauszugsverarbeitung bereits vorhanden sind. Ordnen Sie der Buchungsregel den BUCHUNGSBEREICH »1« (Hauptbuch) zu und tragen Sie, entsprechend einer Gut- oder Lastschrift, die BUCHUNGSSCHLÜSSEL und die KONTENSYMBOLE ein.

Definieren Sie eine BELEGART und wählen Sie, ebenfalls nach Gut- oder Lastschrift getrennt, den Schlüssel:

- 4 = Ausgleich Sako Soll oder
- 5 = Ausgleich Sako Haben

aus. In einem letzten Schritt ordnen Sie nun noch den externen Vorgangstyp (GVC) einer Buchungsregel zu. Wechseln Sie dazu in die Dialogstruktur VORGANGSTYP ANLEGEN und markieren Sie den Vorgangstyp, den Sie Ihrer Hausbank zugeordnet haben. Dann wählen Sie über einen Doppelklick auf EXTERNE VORGANGSCODES ZU BUCHUNGSREGELN ZUORDNEN aus. Abschließend springen Sie zu dem betreffenden externen Vorgang und ordnen diesem die zuvor angelegte Buchungsregel zu.

Zur Identifikation der Zahlungsaufträge im elektronischen Kontoauszug verwenden Sie den INTERPRETATIONSALGORITHMUS 019 REFERENZNUMMER (*DTA-Verwaltung*) (siehe Abbildung 5.28).

Externe Vorgangscodes zu Buchungsregeln zuordnen

Externer ...	V...	Buchu...	Interpretationsalgorithmus	Dispositi...	Verarbeitungst
089	-	7002	000 Keine Interpretation		0
090	+	1002	000 Keine Interpretation		0
090	-	7002	000 Keine Interpretation		0
091	-	7002	000 Keine Interpretation		0
092	+	5001	000 Keine Interpretation		0
166	+	1002	021 Referenzbelegnummern-Suche		0
191	-	5005	019 Referenznummer (DTA-Verwaltg...		0
206	+	1002	000 Keine Interpretation		0
813	-	7000	000 Keine Interpretation		0
833	+	0011	000 Keine Interpretation		0
833	-	0021	000 Keine Interpretation		0

Abbildung 5.28: Zuordnung externer Vorgangscodes zu Buchungsregeln

Prüfung der Referenznummer

Beim Einlesevorgang des Kontoauszugs wird die Referenznummer des Datenträgers in das Feld FEBEP-CHECT geschrieben. Der Interpretationsalgorithmus prüft dazu in der Tabelle REGUT, ob der Datensatz vorhanden ist.

Die Übergabe der Datenträgerreferenz aus dem XML-Tag <PmtInfId> in den elektronischen Kontoauszug erfolgt in der Praxis weitgehend ohne Probleme. Weicht diese in Ausnahmefällen dennoch ab, ist eine Nachbearbeitung der Belegposition in der Transaktion FEB_BSPROC notwendig. Mit dem Hinweis 2049057 werden die notwendigen Erweiterungen im SAP-Standard bereitgestellt, um die Nachbearbeitung von fehlerhaften Zahlungsaufträgen zu ermöglichen.

Dazu wird mit dem Vorgang 0070 Zahlungsauftrag ein weiterer betriebswirtschaftlicher Vorgang angelegt, der den Interpretationsalgorithmus 029 zur Identifizierung von Zahlungsauftragsnummern verwendet (siehe Abbildung 5.29). Die Auswahl der Registerkarten beschränkt sich dabei lediglich auf den Reiter Zuordnung. Ein Wechsel auf die Register Akonto, Kontierung oder DTA ist bei der Verbuchung eines Zahlungsauftrags nicht vorgesehen.

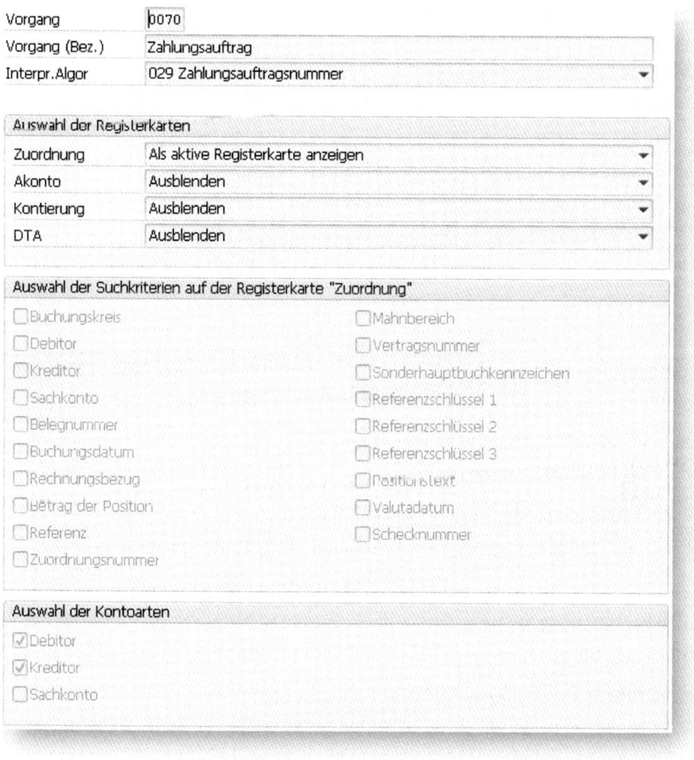

Abbildung 5.29: Detailansicht des Vorgangstypen »Zahlungsauftrag«

Fur die Nachbearbeitung im Kontoauszug markieren Sie die fehlerhafte Kontoauszugsposition, wechseln vom Vorgang 0040 Datenträgeraustausch auf den Vorgang 0070 Zahlungsauftrag und bestätigen diese Änderung. Geben Sie nun im Fenster Verwendungszweck die fehlende oder falsche Zahlungsauftragsnummer ein und drücken Sie anschließend den Button 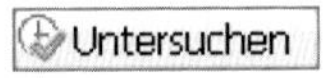

(siehe Abbildung 5.30).

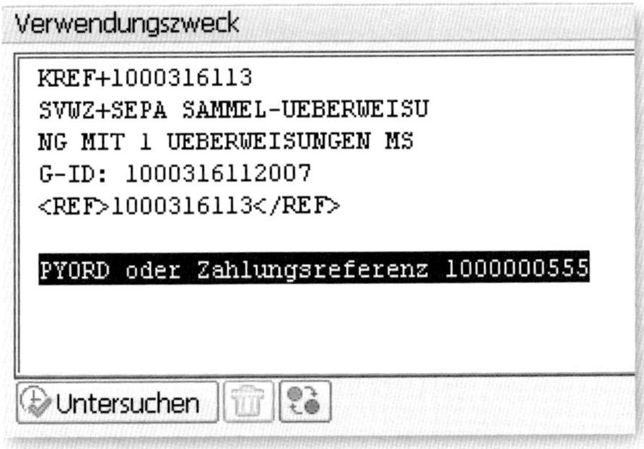

Abbildung 5.30: Nachträgliches Untersuchen des Verwendungszwecks

Belegnummernkreis für Re-Interpretation

Für eine spätere Re-Interpretation der Zahlungsauftragsnummern ist ein gesonderter Belegnummernkreis notwendig. Verwenden Sie dazu bereits beim Einlesevorgang der Kontoauszüge im Report RFEBKA00 im Feld NUMMERNBEREICH XBLNR die Intervalle der Zahlungsauftragsnummern, die Sie zuvor über die Transaktion FBN2 festgelegt haben. Damit diese eindeutig als Zahlungsauftrag identifiziert werden können, muss dem Nummernbereich ein »ZR« vorangestellt werden (z. B. ZR1000000000 bis ZR1999999999)

Im Anschluss erhalten Sie unter der Registerkarte ZUORDNUNG die Zahlungsaufträge angezeigt, die durch die Re-Interpretation identifiziert worden sind (siehe Abbildung 5.31). Bitte beachten Sie: Das Ergänzen weiterer Posten über den Button POSTEN HINZULESEN ist an dieser Stelle nicht möglich.

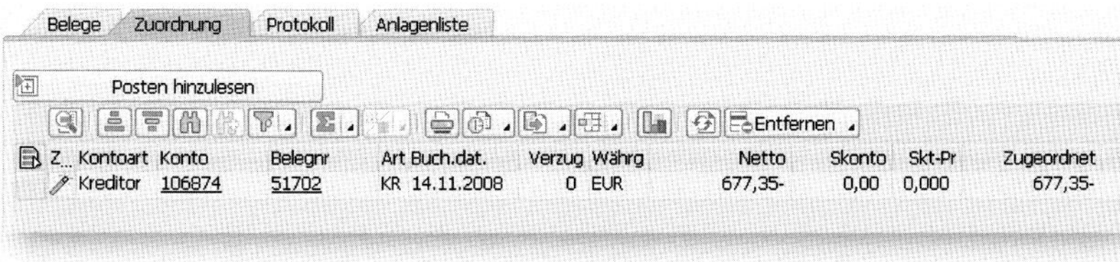

Abbildung 5.31: Zuordnung von Belegen nach erneuter Interpretation der Belegposition

Eine weitere Besonderheit besteht beim Ausgleich der Posten. Die Posten der einzelnen Zahlungsaufträge dürfen grundsätzlich nicht einzeln ausgeglichen werden und lassen sich somit in der Selektion nicht deaktivieren oder löschen.

5.5.2 Ausgleich von Einzelposten aus dem Zahllauf

Neben den Zahlungsaufträgen können auch die Belege, die direkt durch den Zahllauf auf dem Verrechnungskonto erzeugt worden sind, automatisch ausgeglichen werden. Für die Interpretation dieser Belege wird ebenfalls der Interpretationsalgorithmus »019 Referenznummer (DTA-Verwaltung)« verwendet. Die Referenznummer des Datenträgers wird im XML-Tag <PmtInfId > gefüllt, welche im Format SWIFT MT940 in der Feldnummer :61: im Subfeld 7 von der Bank zurückgeliefert wird:

```
:61:1503110311C326,46NDDT1002037619//09344900830171l3BANK
REFDDB150309KEGE01565700000000
:86:192?00SEPABasislastschrift E.v.?100050?20SVWZ+SEPA
BASISLASTSCHRIFT?21ZAHLUNGSREFERENZ
1002037619?22POSTEN3?23DATEIDDB150309KEGE01565 7
```

Mit Einführung von SEPA hat sich die Belegung des Subfelds 7 teilweise geändert. Es umfasst eine maximale Länge von 16 Zeichen. Reichen die Stellen für die Kundenreferenz nicht aus, wird die Referenznummer des Datenträgers stattdessen in der Feldnummer :86: ausgegeben:

```
:61:1503110311CR1378,79NCOLKREF+//201503090065503
:86:192?00SEPAEINZUGSAUFTRAG?101?20KREF+1002041311?MAX
MUSTERMANN
```

Eine eindeutige Zuordnung der Referenznummer für den automatischen Ausgleich ist daraufhin nicht mehr möglich, da die Referenz bei der Interpretation nicht mehr in das dafür vorgesehene Feld FEBEP-CHECT übernommen werden kann.

Referenznummer im camt.05x

In den camt.05x-Kontoauszugsformaten wird die Referenznummer des Datenträgers im XML-Tag <PmtInfId> auf Ebene der <NtryDtls> bereitgestellt.

Damit auch in diesem Fall die korrekte Funktion des Interpretationsalgorithmus »019« weiterhin gewährleistet werden kann, ist für die Identifikation der Datenträgerreferenz die Verwendung eines Suchmusters empfehlenswert. Wechseln Sie dazu über die Transaktion SPRO in den SAP Customizing Einführungsleitfaden und navigieren Sie über FINANZWESEN • BANKBUCHHALTUNG • GESCHÄFTSVORFÄLLE • ZAHLUNGSVERKEHR • ELEKTRONISCHER KONTOAUSZUG in den Menüpunkt SUCHMUSTER FÜR ELEKTRONISCHEN KONTOAUSZUG HINTERLEGEN. Definieren Sie nun ein passendes SUCHMUSTER, welches die Schlüsselwörter (in diesem Beispiel KREF+) der Kontoauszugsposition enthält (siehe Abbildung 5.32).

<table>
<tr><td>Suchmusteranwendung</td><td>EBST</td></tr>
<tr><td>Suchmustername</td><td>1459_ELKO_SDD</td></tr>
<tr><td>Beschreibung</td><td>Automatisches Ausziffern von SDD-Gutschriften</td></tr>
<tr><td>Suchmuster</td><td>(^|$)KREF?##########(?| |$)</td></tr>
</table>

Abbildung 5.32: Suchmuster für die automatische Auszifferung von Gutschriften oder Belastungen

Wählen Sie als Ziel im Suchmuster das in Abbildung 5.33 gezeigte Mapping). Dabei steht das »#« für die Ziffern 0–9 und übernimmt damit die Referenznummer des Datenträgers.

Mapping

Nr	Q.	W...	Z.
6	K	->	
7	R	->	
8	E	->	
9	F	->	
10	?	->	
11	#	->	#
12	#	->	#
13	#	->	#
14	#	->	#
15	#	->	#
16	#	->	#
17	#	->	#
18	#	->	#
19	#	->	#
20	#	->	#
21	(	->	
22	?	->	?

Abbildung 5.33: Mapping des Suchmusters

In einem nächsten Schritt ordnen Sie die Verwendung des Suchmusters zu. Wechseln Sie dazu in der Dialogstruktur von DEFINITION SUCHMUSTER auf VERWENDUNG SUCHMUSTER und fügen Sie einen neuen Eintrag hinzu (siehe Abbildung 5.34).

B...	H...	Konto-Id	Exter...	VZ	Interpret.	Suc...	Zielfeld	aktiv	Mappingbasis
14...	LB...	ZAHL	192	positiv...	019 Referenznummer ...	1459...	Scheck-/ DTA-Referenz-/ Zuordnungsn...	☑	

Abbildung 5.34: Verwendung des Suchmusters

Ordnen Sie dem Suchmuster den INTERPRETATIONSALGORITHMUS 019 zu, und verwenden Sie als Zielfeld SCHECK-/DTA-REFERENZ-/ZUORD-

NUNGSNUMMER. Eine Mappingbasis ist in diesem Fall nicht notwendig, da der Verwendungszweck für die Interpretation in der Kontoauszugsverarbeitung lediglich angereichert wird. Aktivieren Sie zum Abschluss das Suchmuster und speichern Sie die Eingaben.

Beim Einlesevorgang des Kontoauszugs wird nun die Referenznummer des Datenträgers aus der Feldnummer :86: ausgelesen und für die weitere Verwendung durch den Interpretationsalgorithmus 019 in das Feld FEBEP-CHECT geschrieben.

5.6 Test- und Hilfswerkzeuge für die Kontoauszugsverarbeitung

Neben den Funktionserweiterungen im SAP-Standard gibt es noch eine Reihe weiterer Test- und Hilfsreports, die weitere Verbesserungen für die automatische Belegfindung versprechen. Der Report RFEBKATX ist ein Einführungswerkzeug für den elektronischen Kontoauszug, mit dem Sie Ihre Einstellungen und Änderungen im Grund-Customizing schnell und einfach testen können (siehe Abbildung 5.35).

Der Report erzeugt alle notwendigen Weiterverarbeitungsdateien, die Sie zum Einlesen und Verarbeiten in einer Testumgebung benötigen. Die wichtigsten Funktionen im Report RFEBKATX sind:

- Erzeugen von n offenen Posten für n Debitoren,
- offene Posten mit abweichendem Betrag,
- Inkrementieren der offenen Posten,
- Erzeugung von Sachkontenpositionen.

Die oftmals mühsame manuelle Erstellung oder Modifizierung von Test- bzw. Originaldaten entfällt an dieser Stelle. Die vorgenommenen Customizing-Einstellungen können mithilfe dieses Reports format- und bankenunabhängig für alle Buchungskreise getestet werden.

Abbildung 5.35: Report RFEBKATX zum Erstellen von offenen Posten und Multicash-Testdateien

Die Kontoauszugspositionen werden nicht immer direkt aus den Transaktionen FEBA, FEBAN oder FEB_BSPROC, sondern in Einzelfällen auch manuell verbucht. In diesem Fall verbleibt der Beleg mit dem Status *zu verbuchen* in der Nachbearbeitungstransaktion. Hier können Sie diese Positionen über den Report RFEBKA10 abgleichen und erhalten einen sauberen Verarbeitungsstand.

Mit dem Report RFEBKA80 wird im SAP-Standard ein Report ausgeliefert, der den Bankdatenzwischenspeicher der elektronischen Kontoauszugsverarbeitung auf mögliche Bankverbindungen des Geschäftspartners (Debitor) hin untersucht (siehe Abbildung 5.36).

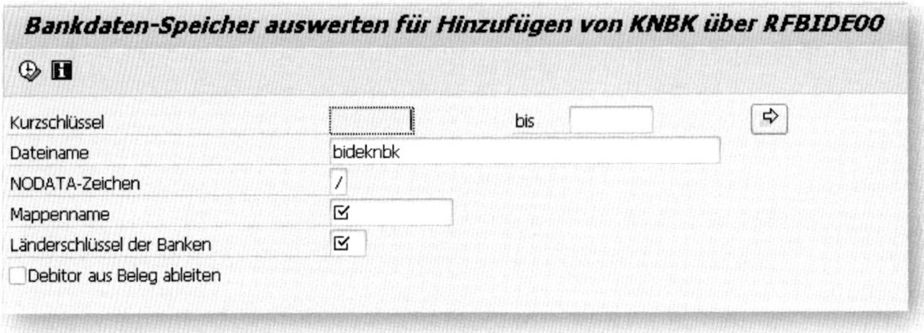

Abbildung 5.36: Auswertung des Bankdatenspeichers mit dem Report RFBIDE00

Die Selektion und Zuordnung der Bankstammdaten zu einem Debitor erfolgt in diesem Zusammenhang aber immer nur dann, wenn der Geschäftspartner durch die Interpretation der Verwendungszwecke auch eindeutig identifiziert werden konnte.

RFEBKA80 in Verbindung mit der IBAN

Der Report RFEBKA80 berücksichtigt derzeit keine IBAN der Geschäftspartner. An der Stelle empfiehlt SAP die Validierung der Stammdaten über den Report RFIBANMD (SAP-Hinweis 1293084).

In einem nächsten Schritt kann der Inhalt aus der Selektion über den Report RFBIDE00 den Debitoren-Stammsätzen hinzugefügt werden. Verwenden Sie für die Interpretation Ihrer Kontoauszüge beispielsweise einen User-Exit, so können Sie die daraus gewonnenen Informationen für die erweiterte Belegsuche verwenden (siehe Abbildung 5.37).

Über dieses kleine Beispiel-Coding lassen sich weitere Belegtreffer generieren, indem Sie die Bankverbindung des Auftraggebers aus dem Überweisungsbeleg auslesen und den Geschäftspartner über eine im Stammsatz vorhandene Bankverbindung identifizieren.

```
* absolut nichts gefunden -> Identifizierung über Bankverbindung
        IF  NOT febep-pablz IS INITIAL
        AND NOT febep-pakto IS INITIAL.
          SELECT * FROM knbk WHERE bankl = febep-pablz
                                AND bankn = febep-pakto.
          ENDSELECT.
          IF sy-dbcnt = 1.
            CLEAR xfebcl.
            xfebcl-kukey     =  febep-kukey.
            xfebcl-esnum     =  febep-esnum.
            xfebcl-csnum     =  1.
            xfebcl-koart     =  'D'.
            xfebcl-agkon     =  knbk-kunnr.
            xfebcl-selfd     =  'WRBTR'.
            xfebcl-selvon    =  febep-kwbtr.
            APPEND xfebcl.
*         FEBEP-GRPNR        =  '99'.
          ENDIF.
```

Abbildung 5.37: Identifizierung von Geschäftspartnern über die Bankverbindung

5.7 Fazit

SAP bietet eine Reihe an Standardfunktionalitäten, die als Grundfunktionen für die Verarbeitung elektronischer Kontoauszüge oftmals ausreichen dürften. Nahezu alle betriebswirtschaftlichen Vorgänge im Zusammenhang mit Zahlungsaus- und -eingängen lassen sich damit problemlos abbilden und in die tägliche Verbuchung integrieren.

Reichen diese Standardmittel nicht aus, können sie zu bestimmten Zeitpunkten des Verarbeitungsprozesses durch verschiedene Bausteine flexibel erweitert werden. Die Anpassung an die eigenen Bedürfnisse erfolgt hier individuell. Sollen Verbesserungen ohne Programmieraufwand umgesetzt werden, ist dies auch über die Verwendung von Suchmustern realisierbar.

Dabei kann auf Programmierkenntnisse verzichtet werden, da die Erweiterungen zur Kontoauszugsverarbeitung auf Elementen des Standard-Customizings in SAP aufbauen. Somit stellt der Ausbau mittels Suchmuster eine kostengünstige und schnelle Alternative im Vergleich zu anderen Erweiterungsmöglichkeiten im SAP-Standard dar.

Abgerundet werden die Standardfunktionalitäten durch eine Reihe an Test- und Hilfswerkzeugen, die zum einen die Verbuchungsqualität erhöhen können und zum anderen helfen, die vorgenommenen Einstellungen im Customizing schnell und einfach zu überprüfen. Wünschenswert wäre in diesem Zusammenhang noch die Erweiterung der Testwerkzeuge auf die neuen ISO 20022-Formate, da deren Überprüfung aufgrund ihrer Struktur deutlich komplexer und aufwendiger als die Kontrolle der bisherigen Formate ist.

6 Integration von Zahlungsavisen im SAP-Standard

Vor dem Hintergrund eingeschränkter Informationsmöglichkeiten im Verwendungszweck werden bereits seit vielen Jahren Zahlungsavise zwischen Geschäftspartnern ausgetauscht. Das nachfolgende Kapitel soll Ihnen einige Lösungsansätze aufzeigen, die SAP für den Versand und den Empfang sowie die Verarbeitung elektronischer Avise bietet.

Das Zahlungsavis bezieht sich im Regelfall auf eine durchzuführende Zahlung von Waren oder Dienstleistungen und schlüsselt dem Empfänger detailliert alle diesbezüglichen Verwendungszwecke oder Geschäftsvorfälle auf. Zahlungsavise finden sowohl im nationalen als auch im internationalen Geschäftsverkehr Verwendung. Sie werden immer dann ausgelöst, wenn die Anzahl möglicher Verwendungszweckfelder im Datenträgerformat bei Zahlung fälliger Positionen nicht ausreicht.

Je nach vorgegebener Struktur für Inhalt und Aufbau der Datenträgerformate, kann die Grenze zwischen einer Weitergabe der Zahlungsinformation im Kontoauszug oder der Erstellung eines separaten Zahlungsavis sehr schnell erreicht werden. Dieser Medienbruch stellt zahlreiche Unternehmen vor die Herausforderung, Lösungen zu integrieren, die eine verbesserte automatische Verbuchung von Avisen ermöglicht.

Für die Verarbeitung von Zahlungsavisen aus Papier hat sich in den vergangenen Jahren die Scanner-Technologie durchgesetzt. Ist der elektronische Empfang von Avisen nicht möglich, kann der Inhalt des Dokuments über eine Texterkennung (Optical Character Recognition – OCR) ausgelesen und in SAP für die weitere Verarbeitung strukturiert aufbereitet werden.

SEPA und Zahlungsavise

Mit der Einführung von SEPA dürfte die Anzahl der Zahlungsavise zugenommen haben. Durch die Reduzierung des Verwendungszwecks auf 140 Zeichen (unstrukturiert) reicht für viele Unternehmen der Platz zur Übermittlung ihrer Geschäftsvorfälle nicht mehr aus.

Erstellen und Versenden eines Zahlungsavis ist die Konsequenz aus den formatbedingten Einschränkungen, die derzeit unter SEPA bestehen. Diese Restriktionen dürften sich von den Lieferantenzahlungen in der Kreditorenbuchhaltung bis hin zum Lastschrifteinzug bei den Debitoren durchziehen.

Alternativ kann ein Avis auf elektronischem Weg übermittelt werden. Der Versand erfolgt dabei oftmals per E-Mail oder Fax in einer unstrukturierten Aufbereitung, wie beispielsweise in Form von PDF-, TIFF- oder Word-Dokumenten. Eine automatisierte Verarbeitung dieser Dokumente in SAP ist jedoch nur schwer möglich. Ein Lösungsansatz zur halbautomatisierten Verarbeitung derartiger Belege besteht in der Kontoauszugsnachbearbeitung unter EhP6. Mit den Neuerungen können Dokumente dem Beleg angehängt und nachträglich untersucht werden (siehe auch Kapitel 4).

Zwischen größeren Unternehmen findet vereinzelt auch ein Austausch von Belegen mittels Electronic Data Interchange (EDI) statt. Die Zahlungsavise werden dabei in strukturierter Form ausgetauscht, u. a. mit einer Reihe proprietärer Dateiformate wie etwa:

- REMADV,
- VDA 4907,
- TWIST oder
- SAP IDoc.

Die IDoc-Typen PREX200x können zwischen SAP-Systemen direkt, ohne eine weitere Konvertierung, ausgetauscht werden. Für alle anderen Formate ist zuerst ein Mapping auf die internen SAP-Strukturen und Felder notwendig. Somit ist dieses Mittel der Automatisierung oftmals mit einem nicht zu unterschätzenden Aufwand verbunden.

6.1 Einsatz und Verwendung von Zahlungsavisen in SAP

Wie bereits erläutert, steht Ihnen in SAP neben dem klassischen Papierversand auch der Datenaustausch über Fax oder E-Mail offen. Möchten Sie die Daten in einer strukturierten Form übermitteln oder empfangen, ist dies beispielsweise über die IDoc-Typen PEXR2001 oder PEXR2002 möglich; ab EhP5 können Sie Avise auch als XML-Dokumente verarbeiten (siehe auch Abschnitt 6.4).

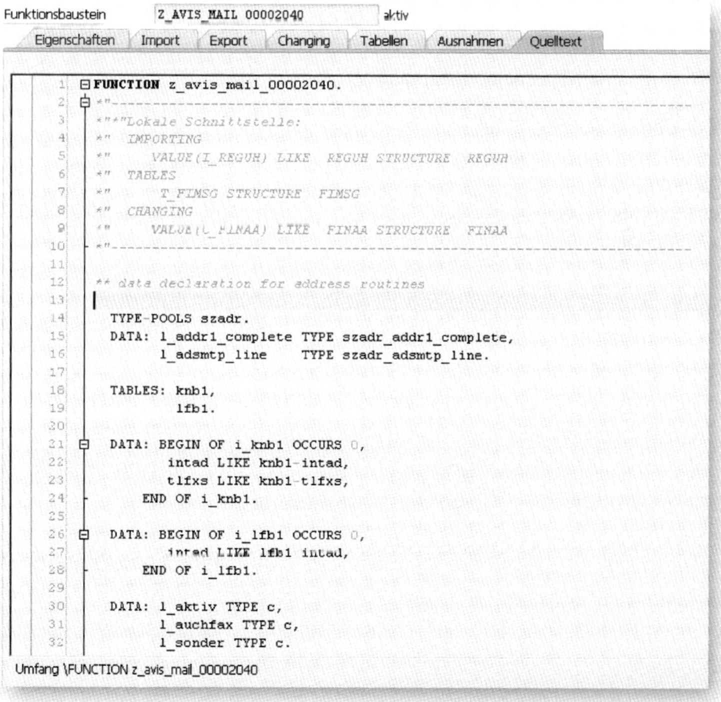

Abbildung 6.1: Kundeneigener Funktionsbaustein zum Avisversand

Beabsichtigen Sie, an Ihre Geschäftspartner Zahlungsavise als PDF-Dokument zu mailen oder zu faxen, können Sie dies über ein *Business Transaction Event* (BTE) realisieren. In SAP steht Ihnen dazu die Vorlage SAMPLE_PROCESS_00002040 zur Verfügung. Hier kopieren Sie in einem ersten Schritt den Funktionsbaustein in Ihren eigenen Namensraum (siehe Abbildung 6.1), um ihn anschließend an Ihre individuellen Bedürfnisse anzupassen. Für den späteren Versand der Avise wird folgende Logik durchlaufen:

1. Ermittlung der Mail-Adresse des Kunden oder Lieferanten.
2. Ist keine Mailadresse gepflegt, wird versucht, eine mögliche Faxnummer zu ermitteln.
3. Ist in beiden Fällen die Suche erfolglos, werden die Avise in einem Spool zum Druck aufbereitet.

Soll der Versand der Avise über E-Mail erfolgen, hinterlegen Sie, wie in Abbildung 6.2 dargestellt, im Feld INTERNET SACHBEARBEITER eine gültige E-Mail-Adresse Ihres Empfängers.

Sie können an der Stelle auch weitere Adressen – getrennt durch ein Leerzeichen – eintragen, falls die Nachricht an mehrere Empfänger versendet werden soll.

Im nächsten Schritt binden Sie die Erweiterungskomponenten an das SAP-Standardsystem. Wählen Sie dazu im SAP Customizing Leitfaden FINANZWESEN • GRUNDEINSTELLUNGEN FINANZWESEN • BUSINESS TRANSACTION EVENTS. Über das Menü EINSTELLUNGEN • PRODUKTE • EINES KUNDEN ordnen Sie Ihre Kundenerweiterung (BTE) einem Kundenprodukt zu (siehe Abbildung 6.3). Nach der Aktivierung wird Ihre Erweiterung vom OPEN_FI-Funktionsbaustein durchlaufen.

In SAP Business Frameworks ordnen Sie über den Menüpfad EINSTELLUNGEN • P/S BAUSTEINE • EINES KUNDEN dem zuvor angelegten Produkt und Funktionsbaustein den Zeitpunkt 0002040 zu (siehe Abbildung 6.4).

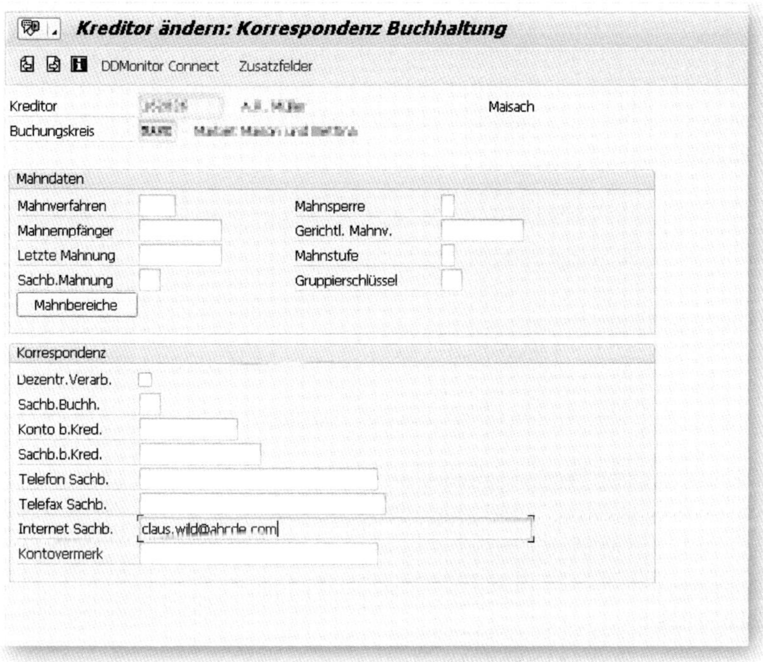

Abbildung 6.2: E-Mail-Adresse im Stammsatz des Lieferanten

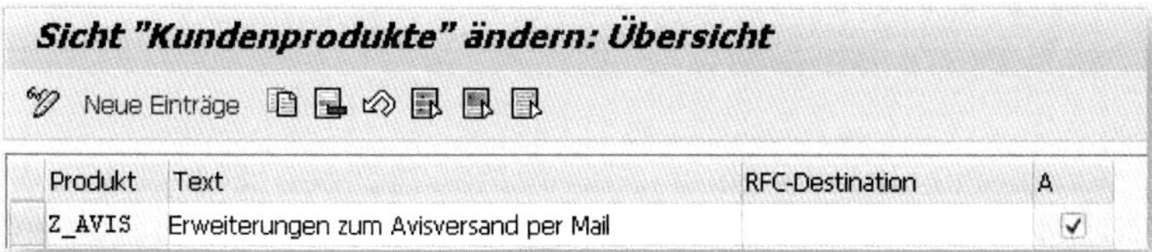

Abbildung 6.3: Anlage und Aktivierung eines Kundenproduktes

Abbildung 6.4: Zuordnung Zeitpunkt zu Produkt und Funktionsbaustein

In einem letzten Schritt verknüpfen Sie die Prozess-Schnittstelle mit Ihrem eigenen Funktionsbaustein, der alternativ zum Standardfunktionsbaustein prozessiert wird. Wählen Sie dazu ebenfalls im Business Framework EINSTELLUNGEN • PROZESS-BAUSTEINE • EINES KUNDEN (siehe Abbildung 6.5).

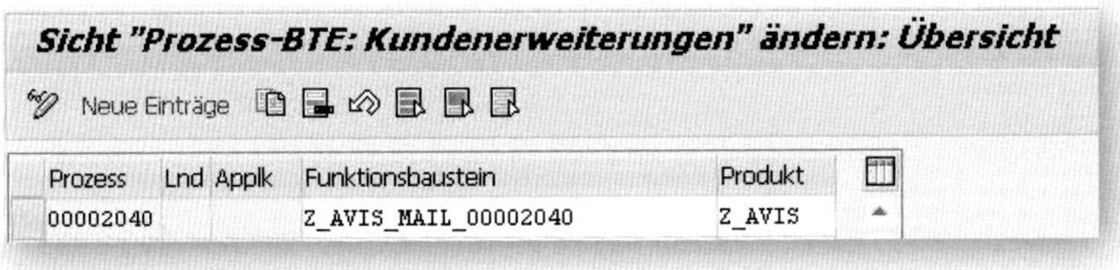

Abbildung 6.5: Zuordnung Prozess zur Kundenerweiterung

Das Erstellen der Zahlungsavise an die Geschäftspartner erfolgt weiterhin, wie gewohnt, über die Druckprogramme RFFOAVIS oder RFFOAVIS_FPAYM.

Kopplung Avisausgabe

Das Erstellen des Zahlungsavis ist auch im Fall eines E-Mail- oder Faxversands an die Einstellungen unter Avisausgabe gemäß Zeilenanzahl in der Pflege der Buchungskreisdaten eines Zahlwegs gekoppelt.

Den Verarbeitungsstatus Ihrer Nachrichten können Sie über den SAPconnect (Transaktion SOST) prüfen und sich ggf. den Dokumenteninhalt anzeigen lassen (siehe Abbildung 6.6).

Neben dem Versand der Zahlungsavise im PDF-Format besteht in SAP auch die Möglichkeit, die Avise zum Zeitpunkt der Zahlung als IDoc zu erstellen und zu versenden. Durch den strukturierten Aufbau der Daten kann der Empfänger das Zahlungsavis automatisch in seinem SAP-System verarbeiten und den Verwendungszweck seinen offenen Posten zuordnen.

Dazu sind im Wesentlichen die folgenden Einstellungen notwendig:

- EDI-Avise in den Lieferantenstammdaten aktivieren,
- Eigene Debitorennummer beim Geschäftspartner eintragen,
- Partnervereinbarung zum Lieferanten anlegen.

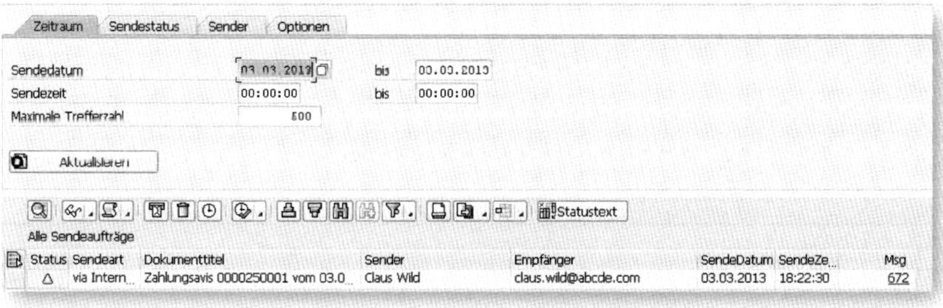

Abbildung 6.6: Zahlungsavis (Status) im SAPconnect

Um ein EDI-Avis automatisch zu erstellen, markieren Sie in einem ersten Schritt in den Stammdaten des Lieferanten das Feld AVIS PER EDI (siehe Abbildung 6.7).

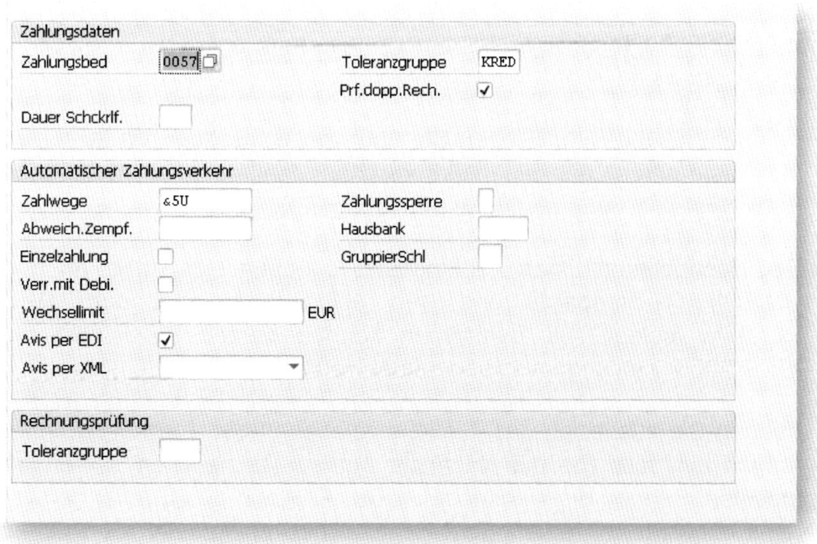

Abbildung 6.7: Lieferantenstammdaten – Avis per EDI auslösen

Für die Identifizierung des Absenders tragen Sie im nächsten Schritt die Kontonummer ein, unter der Ihr Unternehmen beim Empfänger geführt wird (siehe Abbildung 6.8). Der Adressat ermittelt später über den Inhalt dieses Felds den Empfänger.

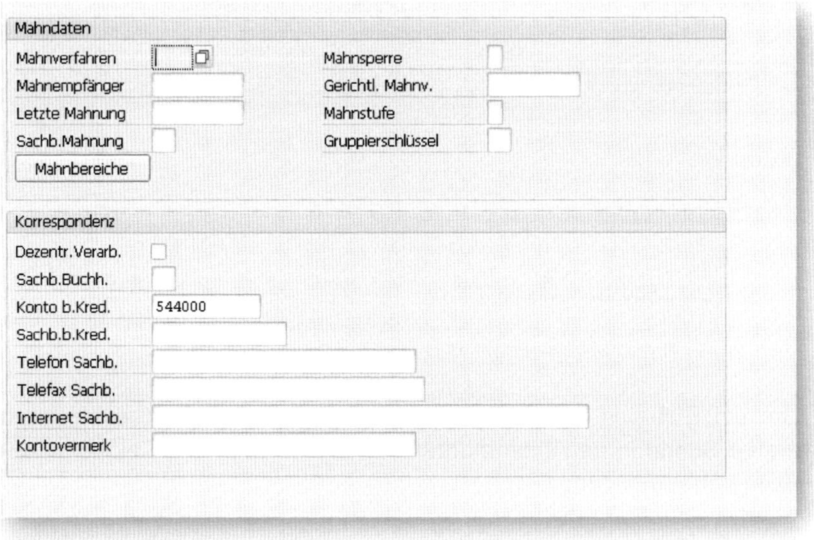

Abbildung 6.8: Eigene Kontonummer beim Empfänger des Zahlungsavis

In einem letzten Schritt legen Sie über die Transaktion WE20 für jeden Lieferanten, der ein elektronisches Zahlungsavis erhält, eine Partnervereinbarung an (siehe Abbildung 6.9).

Der Nachrichtentyp des Zahlungsavis orientiert sich dabei an den UN/EDIFACT-Standards und wird üblicherweise mit dem Wert REMDAV belegt. Als Basistypen können derzeit PEXR2001 bis PEXR2003 (Zahlungsavis) verwendet werden.

Pflegen Sie zusätzlich das Testkennzeichen in den Partnervereinbarungen ein, falls Sie die Nachricht nur zu Testzwecken versenden möchten. So wird die Nachricht im IDoc-Eingang des Empfängersystems ebenfalls mit einem Test-Kennzeichen belegt und als solches gekennzeichnet.

Über den Empfängerport legen Sie weiter fest, wie das IDoc nach der Erstellung versendet werden soll. Das Avis wird in dem Moment automatisch an das angebundene System des Partners versendet, wenn das Zielsystem beispielsweise ein SAP-System mit direkter RFC-Verbindung ist.

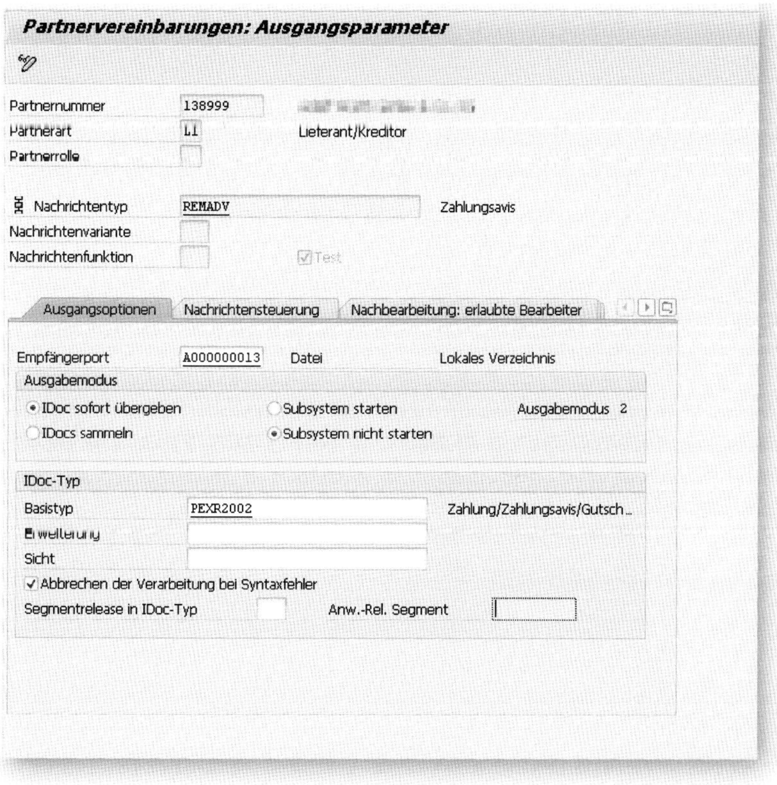

Abbildung 6.9: Partnervereinbarung für den Lieferanten

Beim Versand der Datei als IDoc wird in den Ausgangsoptionen ein Port verwendet, der zuvor in der Portbeschreibung mit dem Typ DATEI angelegt wurde. Darüber hinaus kann am Port festgelegt werden, ob über eine Kommandozeile ein EDI-Subsystem (z. B. ein Konverter) gestartet werden soll. Mithilfe des Reports RSEOUT00 können in eine Datei mehrere REMADV-Nachrichten für die EDI-Ausgangsverarbeitung geschrieben werden.

Avise und Intercompany-Verrechnungen

Die Regulierung von Intercompany-Zahlungen erfolgt in der Praxis meist unterschiedlich. Größere Unternehmen oder Konzerne verwenden dazu Funktionalitäten aus dem Inhouse-Cash oder führen ein konzerninternes Netting der Forderungen und Verbindlichkeiten durch.

In kleineren Konzernstrukturen fließen dagegen häufig noch physische Zahlungsströme und bedingen beim Sender papierhafte Zahlungsavise und Datenträger. Mit dem Erstellen von IDocs reduziert sich der Aufwand der manuellen Verbuchung zwischen den Konzerngesellschaften, da intern elektronische Zahlungsavise ausgetauscht werden können.

Neben den papierhaften Ausdrucken, die Sie an der Stelle auch weiterhin über die Programme RFFO* und RFFOAVIS_FPAYM erstellen können, werden die Zahlungsaufträge mittels EDI-Versand mit dem Report RFFOEDI1 erzeugt.

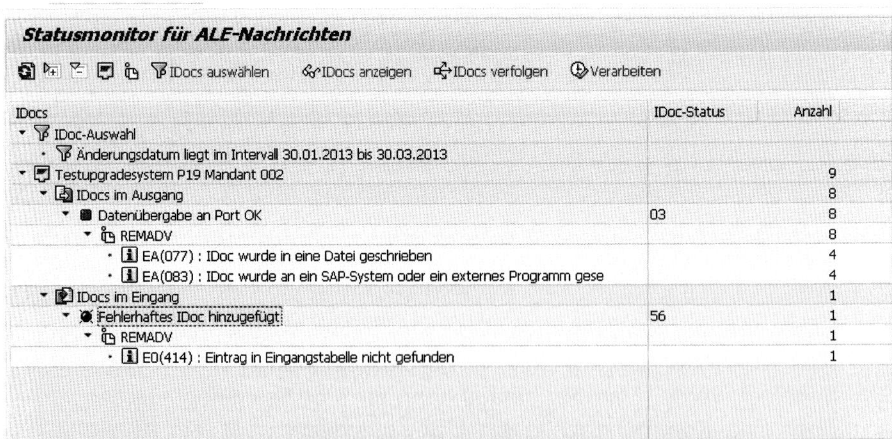

Abbildung 6.10: Statusmonitor für ALE-Nachrichten

Im Statusmonitor für ALE-Nachrichten (siehe Abbildung 6.10) können Sie über die Transaktion BD87 sowohl den Versand der Nachrichten prüfen als auch ihren Inhalt kontrollieren. Im Fehlerfall wird der Versand des Avis (IDoc) über den Report RFFOEDI0 nochmals erzeugt und versendet.

Die Korrektur des Status einer EDI-Nachricht wird mit dem Report RFFOEDI2 generiert. So können Sie beispielsweise den Status von *Erfolgreich versendet* auf *Noch nicht versendet* ändern, um die Datei bei Bedarf, z. B. falls die Nachricht den Empfänger nicht erreicht haben sollte, erneut zu versenden.

In Abbildung 6.11 wird Ihnen der Prozess der elektronischen Verarbeitung von der Aviserstellung bis hin zu den Versand-möglichkeiten der Dateien nochmals im Überblick dargestellt.

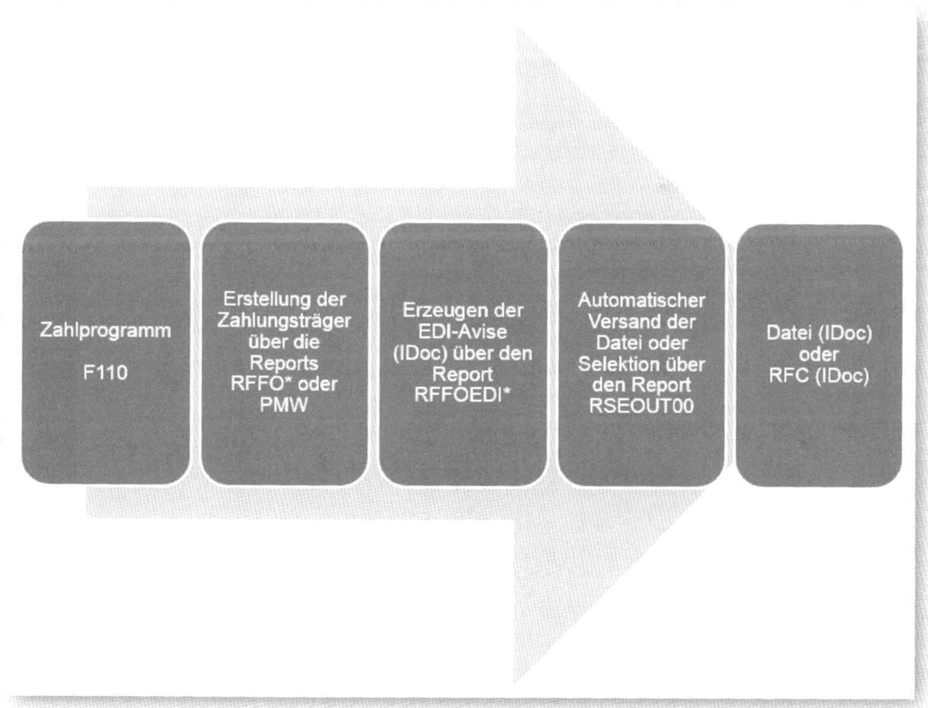

Abbildung 6.11: Prozess der Aviserstellung und Versand der Datei

Analog zum Versand der Avise muss auch bei deren Empfang eine Partnervereinbarung für jeden Debitor über die Transaktion WE20 angelegt werden (siehe Abbildung 6.12). Verwenden Sie als Nachrichtentyp *REMADV* und ordnen Sie einen der folgenden Vorgangscodes für die Verbuchung des Avis zu:

- REMA für die Erstellung einer Batch-Input-Mappe,
- REMC für die direkte Verbuchung.

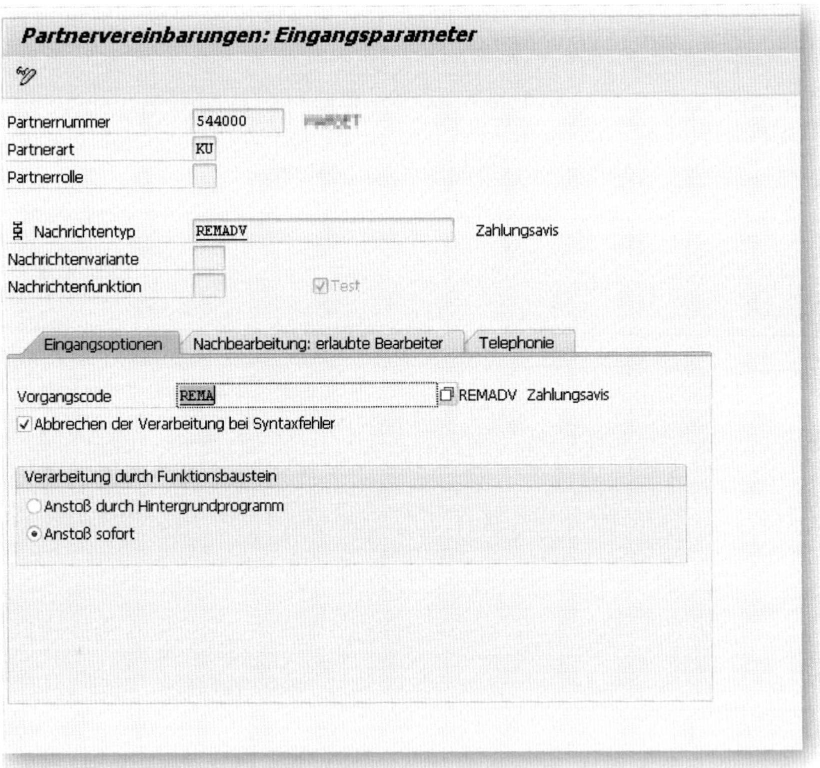

Abbildung 6.12: Partnervereinbarung für die Eingangsverarbeitung

Verknüpfen Sie abschließend über die Transaktion OBCA den Partner (Art und Nummer) aus der zuvor angelegten Partnervereinbarung mit dem Buchungskreis, in dem das Avis später verbucht werden soll.

Für die korrekte Zuordnung der Informationen aus dem Zahlungsavis zu den eigenen offenen Posten muss eine Selektionsregel definiert und den passenden Selektionsfeldern zugeordnet werden. Legen Sie dazu eine Selektionsregel an, die Sie später für die Zuordnung der Felder (Verwendungszwecke) verwenden möchten (siehe Abbildung 6.13).

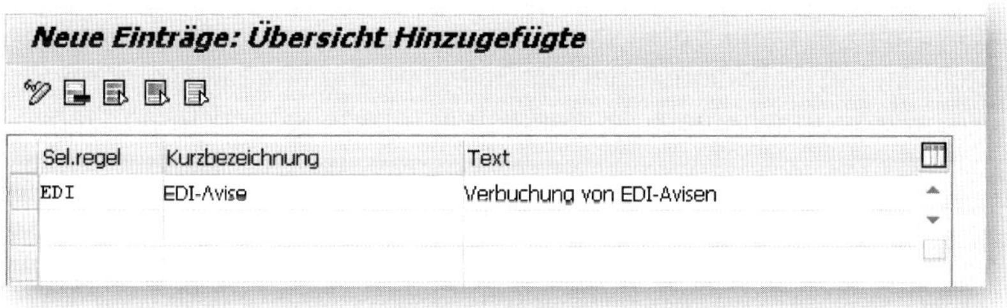

Abbildung 6.13: Definition einer Selektionsregel

Gehen Sie dazu im SAP Customizing Einführungsleitfaden in das Menü FINANZWESEN • DEBITOREN- UND KREDITORENBUCHHALTUNG • GESCHÄFTSVORFÄLLE • ZAHLUNGSEINGANG • GRUNDEINSTELLUNGEN ZAHLUNGSEINGANG • ZAHLUNGSAVISE • SELEKTIONSREGELN DEFINIEREN.

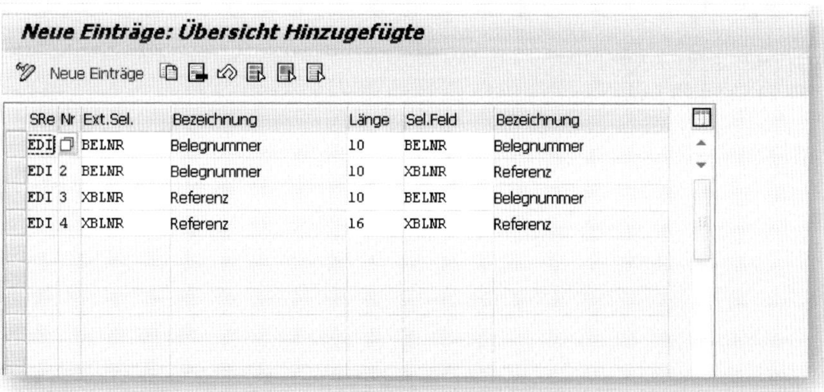

Abbildung 6.14: Zuordnung von Selektionsfeldern

In einem nächsten Schritt definieren Sie Selektionsregeln, nach denen die externen Selektionsfelder aus dem Zahlungsavis internen Feldern für die Ermittlung der offenen Posten zugeordnet werden (siehe Abbildung 6.14). Dies geschieht ebenfalls im SAP Customizing Einführungsleitfaden über FINANZWESEN • DEBITOREN- UND KREDITORENBUCHHALTUNG • GESCHÄFTSVORFÄLLE • ZAHLUNGSEINGANG • GRUNDEINSTELLUNGEN ZAHLUNGSEINGANG • ZAHLUNGSAVISE • SELEKTIONSFELDER ZUORDNEN.

Sie können den internen Feldern auch mehrere externe Selektionsfelder zuordnen und somit die Belegnummernermittlung flexibel gestalten. Ist die Selektionsregel zur Belegfindung angelegt, ordnen Sie diese, wie in Abbildung 6.15 dargestellt, abschließend Ihren Debitorenkonten zu.

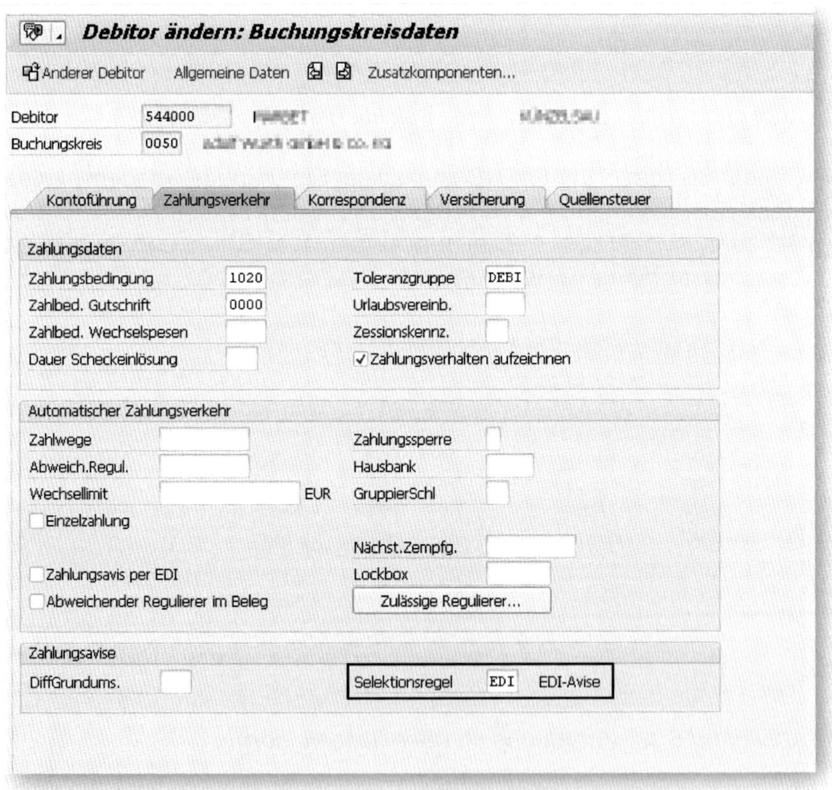

Abbildung 6.15: Zuordnung der Selektionsregel im Debitorenstammsatz

Abbildung 6.16 verdeutlicht in dem Zusammenhang nochmals die mögliche Prozesskette der eingehenden Zahlungsavise in SAP.

Bitte beachten Sie, dass das IDoc sowohl über einen Dateiimport (Report RSEINB00) als auch über eine RFC-Verbindung eingelesen und verarbeitet werden kann.

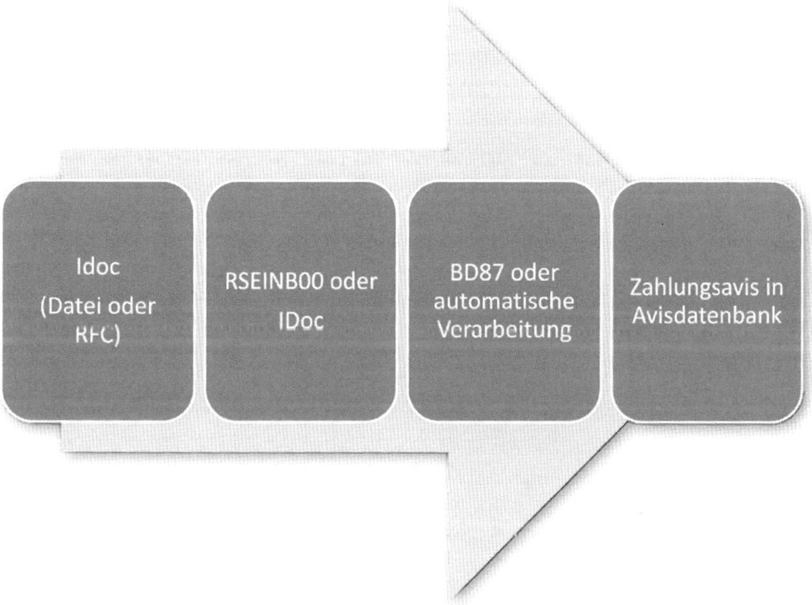

Abbildung 6.16: Prozess des Avisempfangs und der Verarbeitung in SAP

6.2 Zahlungsavise im Cash-Management

Nach dem automatischen Empfang von Zahlungsavisen kann im SAP-Standard noch eine Reihe an Folgeprozessen auf Basis der in der Avisdatenbank abgelegten Daten angestoßen werden. Wenn Sie Informationen aus den Zahlungsavisen beispielsweise als weitere Planungsebene für Ihre kurzfristige Liquiditätsvorschau nutzen möchten, können Sie die Daten als eine zusätzliche Dispositionsart in Ihr

Cash-Management-Modul einfließen lassen. Dieser weitere Verarbeitungsschritt ist möglich für:

- Avise (EDI), die bereits über die IDoc-Schnittstelle importiert worden sind, sowie
- bereits gespeicherte Avise, die über den Report RFAVIS40 verarbeitet werden.

Um die weitere Verarbeitung von Avisen zu hinterlegen, wählen Sie im SAP Customizing Einführungsleitfaden den Pfad Finanzwesen • Debitoren- und Kreditorenbuchhaltung • Geschäftsvorfälle • Zahlungseingang • Zahlungseingang elektronisch • Zahlungsavise • Weitere Verarbeitung von Avisen hinterlegen aus.

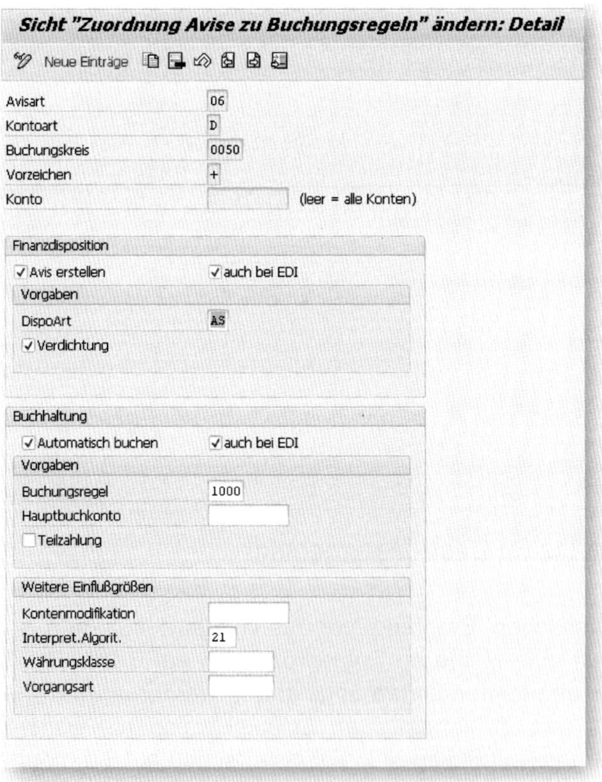

Abbildung 6.17: Zuordnung von Avisen zu Buchungsregeln

Abbildung 6.17 zeigt, wie ein neuer Eintrag angelegt wird: Sie tragen eine Avis- sowie eine Kontoart ein. Zudem definieren Sie Ihren Buchungskreis und das Vorzeichen des eingehenden Belegs. Im Feld KONTO können Sie die Kontonummer des Geschäftspartners oder ein Sachkonto hinterlegen. Im Regelfall bleibt dieses Feld aber leer, sodass die Regel für alle Avise mit der zuvor festgelegten Avis- und Kontoart gilt.

Im Bereich FINANZDISPOSITION markieren Sie die Felder AVIS ERSTELLEN und AUCH BEI EDI. Setzen Sie zusätzlich einen Haken im Feld VERDICHTUNG, wenn Sie nicht für jede einzelne Kontoauszugsposition ein Avis erstellen möchten. Dadurch werden die Avise im Cash-Management nach dem Valutadatum verdichtet dargestellt.

6.3 Zahlungsavise im elektronischen Kontoauszug

Nach dem Import in die Avisdatenbank können Zahlungsavise im SAP-Standard auch automatisch verarbeitet werden. Diese Form der Verbuchung setzt nahezu auf den gleichen Customizing-Elementen auf, die auch in den Grundeinstellungen zum elektronischen Kontoauszug zu finden sind.

So finden Sie die Elemente für die Avisverarbeitung über den gleichen Pfad, der Sie bereits zu den Einstellungen der Avise für das Cash-Management geführt hat. Wählen Sie dazu im SAP Customizing Einführungsleitfaden FINANZWESEN • DEBITOREN- UND KREDITORENBUCHHALTUNG • GESCHÄFTSVORFÄLLE • ZAHLUNGSEINGANG • ZAHLUNGSEINGANG ELEKTRONISCH • ZAHLUNGSAVISE • WEITERE VERARBEITUNG VON AVISEN HINTERLEGEN.

Markieren Sie für die automatische Verbuchung die Felder AUTOMATISCH BUCHEN und AUCH BEI EDI. Dadurch werden die Avise direkt nach dem Import in die Avisdatenbank automatisch über die hinterlegten Regeln verbucht. Mit einer zuvor in den Grundeinstellungen zum elektronischen Kontoauszug definierten Buchungsregel legen Sie fest, wie die Verbuchung erfolgen soll. Zusätzlich können Sie noch einen INTERPRETATIONSALGORITHMUS zur Belegfindung eintragen oder bei Bedarf über die KONTENMODIFIKATION ein abweichendes Sachkonto verwenden (siehe Abbildung 6.17).

Des Weiteren sollten Sie in der Partnervereinbarung mit dem Kunden (Transaktion WE20) noch den entsprechenden Vorgangscode für die Art der Verbuchung eintragen. Wählen Sie für die direkte Verbuchung den Vorgang *REMC* und für die Erstellung einer Batch-Input-Mappe den Vorgangscode *REMA*.

Möchten Sie die Zahlungsavise nicht direkt nach dem Import bzw. Eingang verbuchen, besteht auch die Möglichkeit, die Avise über die Kontoauszugsverarbeitung aufzurufen. Im SAP-Standard werden dazu die zwei folgenden Interpretationsalgorithmen ausgeliefert:

- 032 EDI Avis-Suche,
- 033 Zahlungsavis-Suche.

In der Nachverarbeitung der Kontoauszüge kann mithilfe dieser beiden Algorithmen die Zahlungsavisnummer (Kopfsatz) aus dem Verwendungszweckfeld ermittelt werden. Das Avis steht somit für eine mögliche Nachbearbeitung zur Verfügung oder wird, sofern alle Belege aus dem Avis gefunden werden, während des Einlesevorgangs der Kontoauszüge direkt im Hintergrund verbucht.

6.4 Erweiterungsmöglichkeiten ab EhP5

Beim Austausch von Zahlungsträgern zwischen Unternehmen und Banken ist eine deutliche Tendenz in Richtung XML-Nachrichten zu erkennen. Die Europäische Union (EU) begünstigt diese Entwicklung nachhaltig durch die SEPA-Verordnung zum einheitlichen Zahlungsverkehr in Europa.

In SAP wird dieser Prozess unterstützt, indem nun auch der Austausch von Zahlungsavisen über XML-Nachrichten angeboten wird. Daraus resultierend ist die Verarbeitung der Nachrichten für alle teilnehmenden Geschäftspartner deutlich einfacher und flexibler geworden.

Ermöglicht wird dies durch eine Kombination des Enhancement Package 5 (EhP5) mit der SAP NetWeaver Process Integration, kurz PI (ab Version 7.02). In der SAP PI finden Sie die notwendige Erweiterung im Namensraum *http://sap.com/xi/APPL/Global2*.

Zur Verwendung der Komponente aktivieren Sie zunächst über die Transaktion SFW5 (siehe Abbildung 6.18) die Enterprise Business Function FIN_APAR_PAYMT_ADV.

FIN_ACC_XBRL	Reporting nach XBRL-Standard	FINBASIS	603
FIN_APAR_PAYMT_ADV	FI, Enterprise-Service zum Versenden von ... Business Function bleibt eingesch...	SAP_FIN	605

Abbildung 6.18: Aktivierung der Business Function für Zahlungsavise

Nach der Aktivierung stehen Ihnen über das SAP PI-System zusätzliche Optionen für den Transfer von Zahlungsavisen zur Verfügung. Sie können dabei wählen zwischen:

- Punkt-zu-Punkt-Verbindung zwischen zwei PI-Systemen (Sender- und Empfängersystem),
- Versand der Zahlungsavise als XML-Dokument über ein PI-System.

Die Punkt-zu-Punkt Verbindung gestattet den direkten Austausch von Nachrichten zwischen den Geschäftspartnern (PI-Systeme). Falls keine direkte Kommunikation zwischen zwei PI-Systemen möglich ist, kann der Versand des Zahlungsavis auch als XML-Nachricht via E-Mail aus dem PI-System erfolgen.

Nach Aktivierung der Enterprise Business Function erhalten Sie (siehe Abbildung 6.19) in den buchungskreisabhängigen Daten der Debitoren- und Kreditorenstammdaten die zusätzlichen Felder

- Avis per XML,
- E-Mail-Adresse.

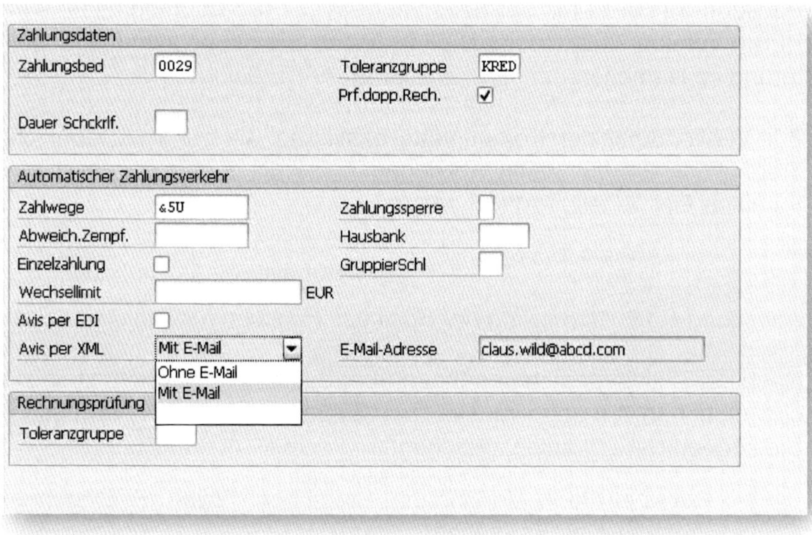

Abbildung 6.19: Zusätzliches Feld für den Avisversand in den Kreditorenstammdaten

Bei der Ausführung des Zahllaufs werden die Informationen zum Zahlungsavis automatisch an die PI übergeben und der E-Mail-Versand an den Geschäftspartner angestoßen, sofern eine E-Mail-Adresse des Empfängers hinterlegt ist. Im Gegensatz zum Versand von EDI-Avisen, der zusätzliche Reports notwendig macht (siehe auch Abschnitt 6.1), werden an der Stelle keine zusätzlichen Programmaufrufe aus dem Zahllauf heraus benötigt.

Effekte der Business Function

Die Business Function hat Auswirkungen auf Ihren Datenbestand: In den Debitoren- und Kreditorenstammdaten muss der Bildaufbau für die Kontengruppe, den Buchungskreis und die jeweilige Aktivität in den Stammdaten erweitert werden.

Darüber hinaus sind die Datenübernahme sowie die Anpassung der Stammdatenverteilung von Bedeutung. So wurde die Verteilung per IDoc um die Segmente E1KNB1M (IDoc DEBMAS06 Debitoren) und E1LFB1M (IDoc CREMAS05 Kreditoren) erweitert.

Die Verarbeitung von Batch-Input-Mappen wurde in diesem Zusammenhang ebenfalls erweitert und an die Funktionalität angepasst.

6.4.1 Verarbeitung der Avise in der SAP PI

Neben den Einstellungen, die Sie im SAP-FI-Modul für den Avisversand vornehmen müssen, ist die Konfiguration eines Szenarios in der SAP PI notwendig. Im nachfolgenden Abschnitt möchte ich Ihnen darstellen, wie Sie in wenigen Schritten ein Standardszenario für den Versand von Zahlungsavisen erstellen können.

Schritt 1: Zunächst müssen die notwendigen Designobjekte im Enterprise Services Builder (Enterprise Service Registry) importiert werden. Zur dynamischen Ermittlung des Empfängers eines Avis muss innerhalb der PI eine erweiterte Empfängerermittlung definiert werden.

Für die ausgehenden Zahlungsavise wird das Service Interface PAYMENTADVICENOTIFICATION_OUT verwendet; für die eingehenden Avise analog dazu das Interface PAYMENTADVICENOTIFICATION_IN. Die hier verwendeten Objekte sind Bestandteil des PI-Content SAP APPL, welches nach dem jeweils aktuell vorhandenen Release-Stand des PI-Systems gewählt werden sollte.

Als Ziel der Nachricht verwenden Sie das Service-Interface RECEIVERDETERMINATION, das Bestandteil des SAP BASIS PI-Content ist (Version 7.00 oder höher).

Schritt 2: Legen Sie ein Operation Mapping im Enterprise Services Builder an, das den Verarbeitungsprozess der Zahlungsavise zwischen dem Sender- und dem zu ermittelnden Zielsystem steuert (siehe Abbildung 6.20).

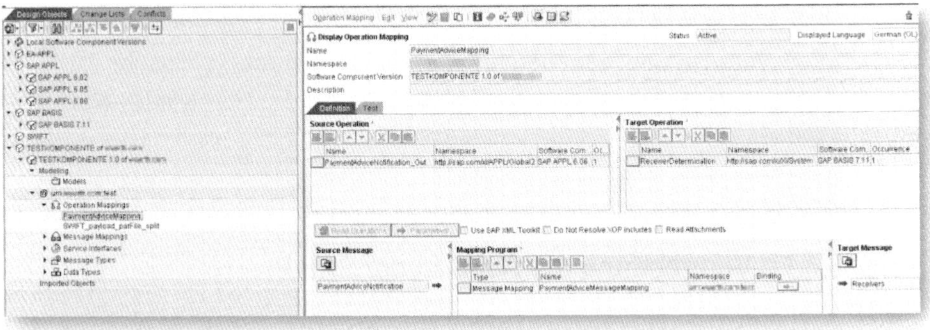

Abbildung 6.20: Operation Mapping im Enterprise Services Builder

Zwischen den beiden Operationen liegt das eigentliche Mapping der Daten (PAYMENTADVICEMESSAGEMAPPING), welches die Zuordnung der Felder zwischen den Quell- und Zielfeldern definiert.

Im Mapping selbst wird beispielsweise die E-Mail-Adresse des Empfängers ermittelt und geprüft, ob ein mögliches PI-Empfängersystem direkt an das Sendersystem angebunden ist.

Schritt 3: Wurden alle Objekte im Enterprise Services Builder eingestellt und zugeordnet, richten Sie anschließend ein Konfigurationsszenario für den Versand oder Empfang der Avise ein (siehe Abbildung 6.21).

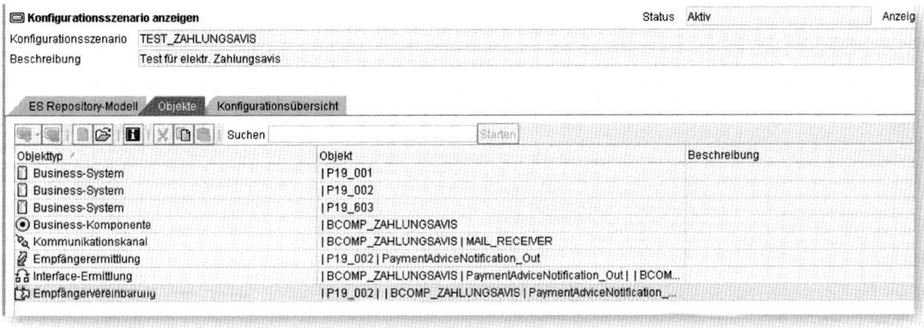

Abbildung 6.21: Übersicht Konfigurationsszenario Avisversand

Legen Sie dazu die folgenden Objekttypen im Integration Builder an:

- Business-System,
- Business-Komponente,
- Kommunikationskanal,
- Empfängerermittlung,
- Interface-Ermittlung,
- Empfängervereinbarung.

In den Einstellungen zum Business-System definieren Sie zunächst, welche der im *System Landscape Directory* (SLD) vorhandenen und an die PI angebundenen SAP-Systeme verwendet werden sollen (z. B. Test- und Produktivsysteme).

Schritt 4: Jetzt legen Sie eine Business-Komponente an und definieren darin die Kommunikationskomponente BCOMP_ZAHLUNGSAVIS (siehe Abbildung 6.22).

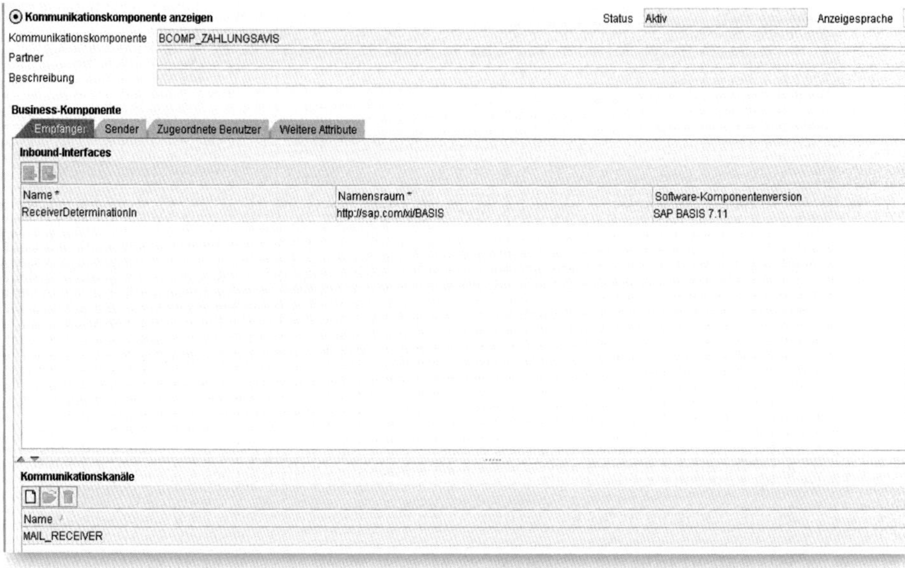

Abbildung 6.22: Kommunikationskomponente in SAP PI

Für die Konfiguration zum Avisversand oder -empfang werden die beiden Registerkarten

- Empfänger und
- Sender

verwendet. Ordnen Sie dem Inbound-Interface der Registerkarte EMPFÄNGER das Objekt RECEIVERDETERMINATIONIN zu. Richten Sie zusätzlich zu diesem Interface noch einen Kommunikationskanal mit dem entsprechenden Adaptertyp (E-Mail) ein.

In der Registerkarte SENDER legen Sie das Objekt PAYMENTADVICE-NOTIFICATION_OUT an. Ein Kommunikationskanal wird an dieser Stelle nicht benötigt.

Verwenden Sie als Kommunikationskanal den E-Mail-Adapter und das Transportprotokoll SMTP (siehe Abbildung 6.23). Tragen Sie anschließend die jeweiligen Verbindungsparameter zu Ihrem E-Mail-Server ein (URL, Benutzer und Kennwort).

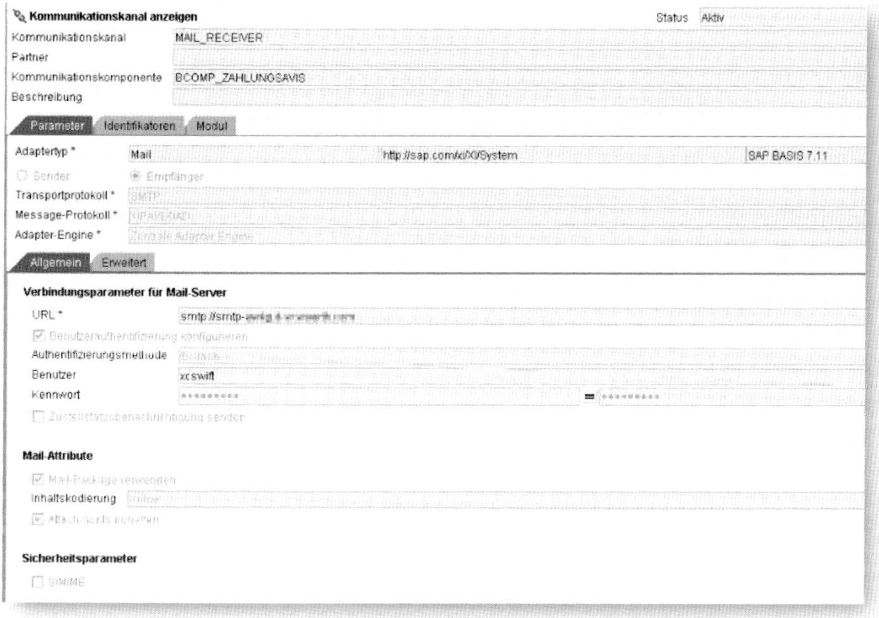

Abbildung 6.23: Kommunikationskanal für E-Mail-Versand

Schritt 5: Nun müssen Sie noch die Empfängerermittlung der Nachrichten pflegen. Diese beinhaltet die beiden Registerkarten

- Inhalt und
- Konfigurationsübersicht.

Über das Register INHALT werden die lokalen Regeln definiert, die für die Ermittlung des Empfängers notwendig sind. Ordnen Sie die Kommunikationskomponente BCOMP_ZAHLUNGSAVIS einer lokalen Regel zu. Legen Sie weiter fest, welche Aktion im Fehlerfall, wenn kein passender Empfänger ermittelt werden kann, ausgeführt werden soll.

In der Registerkarte KONFIGURATIONSÜBERSICHT wird zur Kommunikationskomponente BCOMP_ZAHLUNGSAVIS das Interface PAYMENTADVICENOTIFICATION_OUT zugeordnet (siehe Abbildung 6.24).

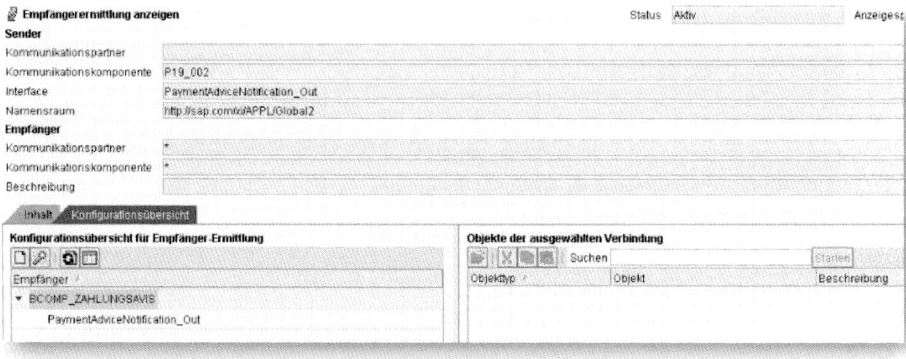

Abbildung 6.24: Empfängerermittlung in SAP PI

Schritt 6: In der Interface-Ermittlung legen Sie fest, welches Mapping für die Nachrichten verwendet werden soll (siehe Abbildung 6.25). Nutzen Sie dazu das Standard-Operations-Mapping PAYMENTADVICEMAPPING und ordnen es im Empfänger-Interface dem Namen RECEIVERDETERMINATION zu.

Die Interface-Ermittlung erfolgt dann mittels Kommunikationskomponente BCOMP_ZAHLUNGSAVIS und Interface-Objekt PAYMENTADVICENOTIFICATION_OUT.

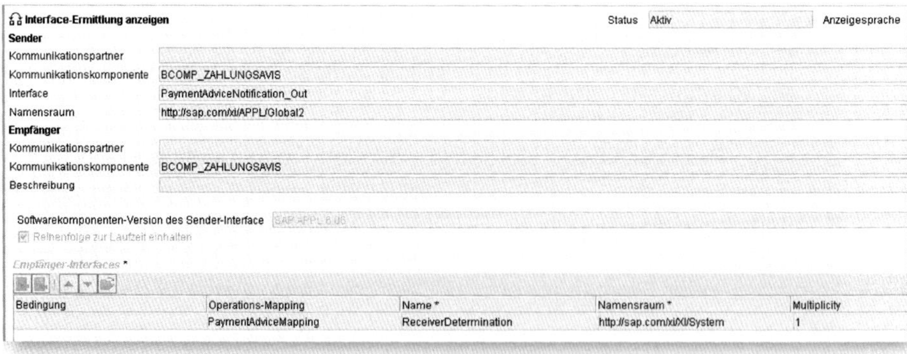

Abbildung 6.25: Interface-Ermittlung mit Operations-Mapping

Schritt 7: Am Schluss definieren Sie die Empfängervereinbarung (siehe Abbildung 6.25), indem Sie in dieser Vereinbarung noch den zuvor definierten Kommunikationskanal des Empfängers eintragen.

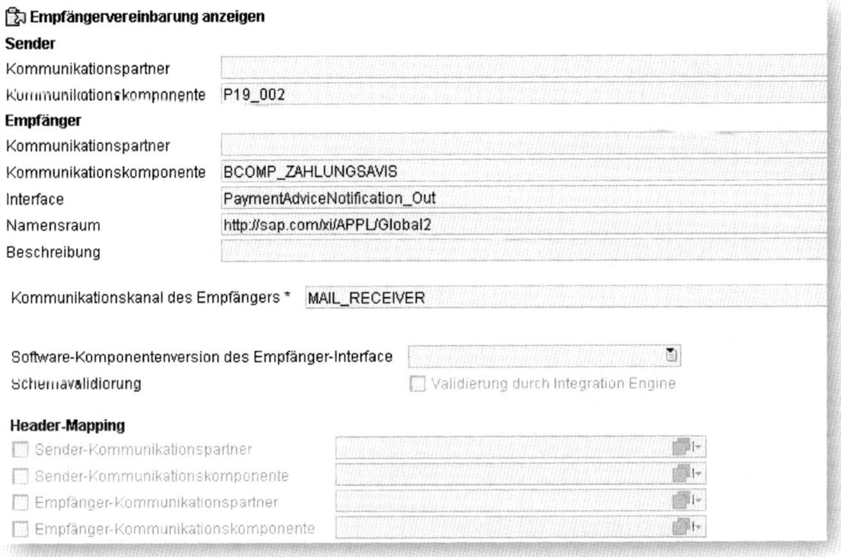

Abbildung 6.26: Empfängervereinbarung in SAP PI

Die Funktionalitäten der SAP PI ermöglichen Ihnen somit eine flexible Kommunikation von und zu Ihren Geschäftspartnern. Neben dem soeben beschriebenen Standard-Mapping können Sie im Enterprise Services Builder weitere Szenarien anlegen und anpassen, die Ihnen einen Austausch unterschiedlicher Formate erlauben.

Weitere Informationen

Eine Übersicht der Grundkonfiguration des PI-Systems, die für den Versand und den Empfang der Zahlungsavise notwendig ist, liefert auch der SAP-Hinweis 1348137. Darin enthalten ist ein »How-to Guide«, der eine Hilfestellung für die Basiskonfiguration bietet.

Abbildung 6.27 veranschaulicht abschließend nochmals die einzelnen Prozessschritte und Komponenten, die beim Versand der Zahlungsavise über den Enterprise Service durchlaufen werden.

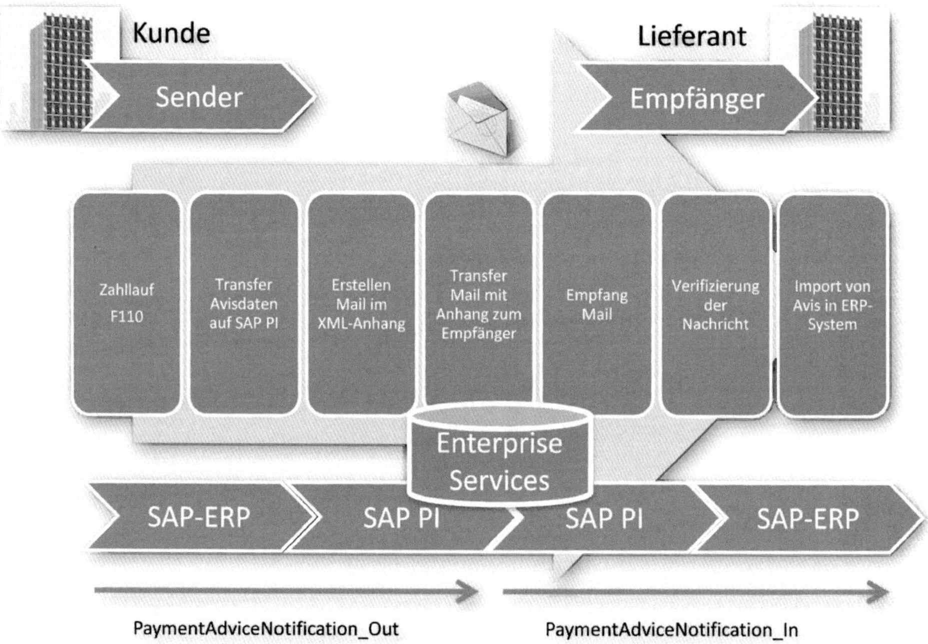

Abbildung 6.27: Übersicht der Prozessschritte beim Versand von Avisen mit SAP PI

Die direkte Anbindung zweier SAP PI-Systeme oder der Versand von Avisen über E-Mail sind nur einige der Möglichkeiten, die die SAP PI bietet. Darüber hinaus können weitere Adapter für den Transfer aufgerufen werden, wie etwa die Nachrichtenübermittlung über einen gesicherten (S)FTP an den Empfänger. Somit kann durch Einsatz einer SAP PI im direkten Versand und Empfang von Zahlungsavisen auf den Einsatz eines weiteren Konverters verzichtet werden.

6.5 Fazit

Trotz Einführung der ISO 20022-Nachrichten werden Zahlungsavise auch in Zukunft als begleitendes Medium eines Zahlungsträgers unverzichtbar sein. Die derzeit eingeschränkten Verwendungszweckfelder der SEPA-Formate lassen eine weitere Zunahme an Avisen befürchten. Bedingt durch den auf 140 Zeichen begrenzten Freitext kann bei umfangreicheren oder komplexeren Zahlungen deutlich weniger Information als mit den Alt-Formaten übermittelt werden.

Die Unternehmen müssen an dieser Stelle nach Lösungen suchen, damit es gelingen kann, diesen Medienbruch im Rahmen zu halten und auch in Zukunft eine effiziente Verbuchung der Zahlungen zu ermöglichen.

Auf Seiten des Senders ist hierbei der Druck geringer. Mit den bestehenden Funktionalitäten in SAP ist es relativ »einfach«, ein Avis als PDF-Datei per Fax oder E-Mail zu versenden. Auf der Empfängerseite ist der Druck deutlich höher, die Belege in einer strukturierten Form zu erhalten, um diese automatisiert verarbeiten zu können. Das Scannen von Dokumenten kann auf Dauer keine wirkliche Alternative sein.

SAP bietet bereits seit vielen Jahren einen strukturierten Austausch von Avisen – sofern der Geschäftspartner seine Zahlungen ebenfalls über ein SAP-System ausführt. Hier gilt es, den Lieferanten davon zu überzeugen, dass beim Avisversand ein IDoc das bevorzugte Medium ist, weil die Daten ohne großen Aufwand sowohl vom Sender als auch Empfänger automatisch verarbeitet werden können.

Mit den Erweiterungsmöglichkeiten des EhP5 können nun auch XML-Dokumente versendet und empfangen werden. Allerdings steht diese Funktion lediglich in Verbindung mit der SAP PI zur Verfügung. Es ist zu befürchten, dass dies den Teilnehmerkreis deutlich einschränken wird.

Ungeachtet dieser möglichen Einschränkungen sind die Erweiterungen im SAP-Standard richtungsweisend für einen modernen, zeitgemäßen Datenaustausch zwischen Banken und Unternehmen. Betriebsinterne Prozesse werden dadurch nachhaltig verbessert und erhöhen die Produktivität im Finanz- und Rechnungswesen.

Unsere Lösung für Firmenkunden:

Die digitale SAP-Bibliothek

Mobil, Flexibel und Praxisnah

Mehr Informationen unter:

http://onleihe.espresso-tutorials.com

Sie haben das Buch gelesen und sind mit unserem Werk zufrieden? Bitte schreiben Sie uns eine Rezension für dieses Buch!

Unser Newsletter

Wir informieren Sie über Neuerscheinungen und exklusive Gratisdownloads in unserem Newsletter.

Melden Sie sich noch heute an unter *http://newsletter.espresso-tutorials.com*

A Der Autor

Claus Wild ist seit über 17 Jahren im Bereich Payments & Cash Management bei der Adolf Würth GmbH & Co. KG in Künzelsau tätig. Die Schwerpunkte seiner Tätigkeit liegen dabei in den Bereichen Zahlungsverkehr und Cash Management. Außerdem hat er sich auf die SAP-Module »Bank Communication Management« und »SAP Integration Package for SWIFT« spezialisiert.

Darüber hinaus ist Claus Wild freiberuflicher Trainer und Consultant für die Themen Elektronischer Zahlungsverkehr und Cash Management.

Zu seinen Veröffentlichungen gehören u. a. das Buch »SEPA und SAP« sowie das »Praxishandbuch SAP und SEPA«, beide ebenfalls bei Espresso Tutorials erschienen.

B Index

C Abkürzungsverzeichnis

ABAP	Advanced Business Application Programming
B2B	Business-to-Business
B2C	Business-to-Consumer
BAdI	Business Add-in
BaFin	Bundesanstalt für Finanzdienstleistungsaufsicht
BAI	Bank Administration Institute
BCS	Banking Communication Standard
BGB	Bürgerliches Gesetzbuch
bhv	Bundesverband des Deutschen Versandhandels
BTE	Business Transaction Events
camt	Cash Management
CGI	Common Global Implementation
DK	Deutsche Kreditwirtschaft
DMEE	Data Medium Exchange Engine
DTA	Datenträgeraustauschverfahren
DTI	Datenträgeraustausch Information
EBICS	Electronic Banking Internet Communication Standard
EC	Electronic Cash
EDI	Electronic Data Interchange

EDIFACT	Electronic Data Interchange For Administration, Commerce and Transport
EhP	Enhancement Package
ERP	Enterprise Resource Planning
ERPB	Euro Retail Payments Board
EU	Europäische Union
EZB	Europäische Zentralbank
FSCM	Financial Supply Chain Management
FSN	Financial Service Network
FTP	File Transfer Protocol
GVC	Geschäftsvorfallcode
HTML	Hypertext Markup Language
IBAN	International Bank Account Number
Idoc	Intermediate Document
ISO	International Organization For Standardization
MT	Message Type
NFC	Near Field Communication
OCR	Optical Character Recognition
pain	Payments Initiation
PDF	Portable Document Format
PI	Process Integration

PoS	Point of Sale
PSD	Payment Service Directive
PTK	Protokolldatei
QR-Code	Quick Response Code
REMADV	Remittance Advice
RFC	Remote Function Call
SaaS	Software as a Service
SCM	Supply Chain Management
SCT	SEPA Credit Transfer
SDD	SEPA Direct Debit
SEPA	Single Euro Payments Area
SFTP	Secure File Transfer Protocol
SLD	System Landscape Directory
SMTP	Simple Mail Transfer Protocol
SWIFT	Society for Worldwide Interbank Financial Telecommunication
TAN	Transaktionsnummer
TIFF	Tagged Image File Format
UN/EDIFACT	United Nations Electronic Data Interchange For Administration
URL	Uniform Resource Locator

XML	Extensible Markup Language
XSL	Extensible Stylesheet Language
XSLT	Extensible Stylesheet Language Transformation
ZV	Zahlungsverkehr

D Disclaimer

Die in diesem Werk wiedergegebenen Gebrauchsnamen, Handelsnamen, Warenbezeichnungen usw. können auch ohne besondere Kennzeichnung Marken sein und als solche den gesetzlichen Bestimmungen unterliegen.

Sämtliche in diesem Werk abgedruckten Bildschirmabzüge unterliegen dem Urheberrecht der SAP SE, Dietmar-Hopp-Allee 16, 69190 Walldorf.

In dieser Publikation wird auf Produkte der SAP SE Bezug genommen. SAP, R/3, SAP NetWeaver, Duet, PartnerEdge, ByDesign, SAP BusinessObjects Explorer, StreamWork und weitere im Text erwähnte SAP-Produkte und -Dienstleistungen sowie die entsprechenden Logos sind Marken oder eingetragene Marken der SAP SE in Deutschland und anderen Ländern. Business Objects und das Business-Objects-Logo, BusinessObjects, Crystal Reports, Crystal Decisions, Web Intelligence, Xcelsius und andere im Text erwähnte Business-Objects-Produkte und Dienstleistungen sowie die entsprechenden Logos sind Marken oder eingetragene Marken der Business Objects Software Ltd. Business Objects ist ein Unternehmen der SAP SE. Sybase und Adaptive Server, iAnywhere, Sybase 365, SQL Anywhere und weitere im Text erwähnte Sybase-Produkte und -Dienstleistungen sowie die entsprechenden Logos sind Marken oder eingetragene Marken der Sybase Inc. Sybase ist ein Unternehmen der SAP SE. Alle anderen Namen von Produkten und Dienstleistungen sind Marken der jeweiligen Firmen. Die Angaben im Text sind unverbindlich und dienen lediglich zu Informationszwecken. Produkte können länderspezifische Unterschiede aufweisen.

Der SAP-Konzern übernimmt keinerlei Haftung oder Garantie für Fehler oder Unvollständigkeiten in dieser Publikation. Der SAP-Konzern steht lediglich für Produkte und Dienstleistungen nach der Maßgabe ein, die in der Vereinbarung über die jeweiligen Produkte und Dienstleistungen ausdrücklich geregelt ist. Aus den in dieser Publikation enthaltenen Informationen ergibt sich keine weiterführende Haftung.

Weitere Bücher von Espresso Tutorials

Claus Wild & Jörg Siebert:

SEPA und SAP®

- IBAN und BIC in den Stammdaten etablieren
- Zahlungswege für SEPA konfigurieren
- Mandatsverwaltung aufsetzen

http://5021.espresso-tutorials.com

Ingo Licha:

Rechnungsprüfung mit SAP ERP (MM)

- Logistische Rechnungsprüfung im Kontext von SAP ERP
- Rechnungssperren, Freigaben und Vorabzahlungen
- Methoden der SAP-Rechnungsprüfung (Transaktion MIRO)

http://5026.espresso-tutorials.com

Björn Weber:

Schnelleinstieg in die SAP®-Produktionsprozesse (PP)

- Stammdaten, Mengenbedarfsplanung und Fertigungsaufträge im Kontext
- Durchgängiges, nachvollziehbares Beispiel mit vielen Screenshots
- SAP-MM-Hauptprozess verständlich erklärt

http://5005.espresso-tutorials.com

Peter Niemeier:

Schnelleinstieg ins SAP®-Finanzwesen (FI)

- Grundlagen der Buchhaltung
- Buchungsbeispiele für Haupt-, Debitoren und Kreditorenbuchhaltung
- Organisationseinheiten in der Anlagenbuchhaltung
- Zahlreiche Übungsaufgaben

http://5041.espresso-tutorials.com

Martin Peto & Katrin Klewinghaus:

Reporting im SAP®-Finanzwesen

- SAP-Informationssysteme im Überblick
- Einsatzmöglichkeiten und Grenzen des SAP QuickViewers
- Standard-Reporting mit SAP List Viewer (ALV)
- Aufbau von SAP Queries mit Praxisbeispiel

http://5034.espresso-tutorials.com

Stephan Eichenberg, Karl-Heinz Sahm:

Anwenderhandbuch FI-CAx (SAP®-Debitorenbuchhaltung)

- Vertragskontokorrent (FI-CA) versus klassische Debitorenbuchhaltung (FI-AR)
- Verwaltung der offenen Forderungen
- Integration mit Hauptbuch, Vertrieb und CRM
- Zahlungsverwaltung

http://4034.espresso-tutorials.com

Lennart B. Ullmann & Claus Wild:

Electronic Bank Statement and Lockbox in SAP® ERP

- Processing the Electronic Bank Statement in SAP
- Integrating Payment Advices as of SAP EhP 5
- New Functionality for Post-Processing as of SAP EhP 6
- Detailed Message Monitoring and Reprocessing Examples

http:/5056.espresso-tutorials.com/

Claus Wild:

Praxishandbuch SAP® und SEPA

- SEPA-Optimierungen ab 2014
- Stammdaten: IBAN only und SCL-Directory der Bundesbank
- Zahlungsträgerformate: CGI-MP, COR1, Eil-überweisungen, Hash-Wert
- Erweiterungen in der SAP-Mandatsverwaltung

http://5035.espresso-tutorials.com

Marc Müller:

Praxishandbuch SAP®-Zahllauf

- Payment Medium Workbench und Data Medium Exchange Engine
- Customizing für Kontenfindung, Avisversand, Formularsteuerung
- Viele Beispiele und Tipps für den Zahlungsverkehr im In- und Ausland
- HR-Zahlungen inklusive Systemverknüpfungen zwischen FI und HR

http://5093.espresso-tutorials.com